心一堂術數古籍珍本叢刊

書名：羅經透解（虛白廬藏清刻原本）
系列：心一堂術數古籍珍本叢刊　堪輿類　第三輯　342
作者：【清】王道亨、王方智
主編、責任編輯：陳劍聰
心一堂術數古籍珍本叢刊編校小組：陳劍聰　素聞　鄒偉才　虛白盧主　丁鑫華

出版：心一堂有限公司
通訊地址：香港九龍旺角彌敦道六一〇號荷李活商業中心十八樓〇五一〇六室
深港讀者服務中心·中國深圳市羅湖區立新路六號羅湖商業大厦負一層〇〇八室
電話號碼：(852)9027-7110
網址：publish.sunyata.cc
電郵：sunyatabook@gmail.com
網店：http://book.sunyata.cc
淘寶店地址：https://sunyata.taobao.com
微店地址：https://weidian.com/s/1212826297
臉書：https://www.facebook.com/sunyatabook
讀者論壇：http://bbs.sunyata.cc/

版次：二零二一年十一月初版
平裝

定價：港幣　一百九十八元正
　　　新台幣　八百八十元正

國際書號：ISBN 978-988-8582-52-5

香港發行：香港聯合書刊物流有限公司
地址：香港新界荃灣德士古道二二〇一二四八號荃灣工業中心十六樓
電話號碼：(852)2150-2100
傳真號碼：(852)2407-3062
電郵：info@suplogistics.com.hk
網址：http://www.suplogistics.com.hk

台灣發行：秀威資訊科技股份有限公司
地址：台灣台北市內湖區瑞光路七十六巷六十五號一樓
電話號碼：+886-2-2796-3638
傳真號碼：+886-2-2796-1377
網絡書店：www.bodbooks.com.tw
台灣秀威書店讀者服務中心：
地址：台灣台北市中山區松江路二〇九號一樓
電話號碼：+886-2-2518-0207
傳真號碼：+886-2-2518-0778
網絡書店：http://www.govbooks.com.tw

中國大陸發行　零售：深圳心一堂文化傳播有限公司
深圳地址：深圳市羅湖區立新路六號羅湖商業大厦負一層〇〇八室
電話號碼：(86)0755-82224934

心一堂微店二維碼

心一堂淘寶店二維碼

心一堂術數古籍 珍本 整理 叢刊 總序

術數定義

術數，大概可謂以「推算（推演）、預測人（個人、群體、國家等）、事、物、自然現象、時間、空間方位等規律及氣數，並或通過種種『方術』，從而達致趨吉避凶或某種特定目的」之知識體系和方法。

術數類別

我國術數的內容類別，歷代不盡相同，例如《漢書・藝文志》中載，漢代術數有六類：天文、曆譜、五行、蓍龜、雜占、形法。至清代《四庫全書》，術數類則有：數學、占候、相宅相墓、占卜、命書、相書、陰陽五行、雜技術等，其他如《後漢書・方術部》、《藝文類聚・方術部》、《太平御覽・方術部》等，對於術數的分類，皆有差異。古代多把天文、曆譜、及部分數學均歸入術數類，而民間流行亦視傳統醫學作為術數的一環；此外，有些術數與宗教中的方術亦往往難以分開。現代民間則常將各種術數歸納為五大類別：命、卜、相、醫、山，通稱「五術」。

本叢刊在《四庫全書》的分類基礎上，將術數分為九大類別：占筮、星命、相術、堪輿、選擇、三式、讖諱、理數（陰陽五行）、雜術（其他）。而未收天文、曆譜、算術、宗教方術、醫學。

術數思想與發展——從術到學，乃至合道

我國術數是由上古的占星、卜筮、形法等術發展下來的。其中卜筮之術，是歷經夏商周三代而通過「龜卜、蓍筮」得出卜（筮）辭的一種預測（吉凶成敗）術，之後歸納並結集成書，此即現傳之《易

經》。經過春秋戰國至秦漢之際，受到當時諸子百家的影響、儒家的推崇，遂有《易傳》等的出現，原本是卜筮術書的《易經》，被提升及解讀成有包涵「天地之道（理）」之學。因此，《易・繫辭傳》曰：「易與天地準，故能彌綸天地之道。」

漢代以後，易學中的陰陽學說，與五行、九宮、干支、氣運、災變、律曆、卦氣、讖緯、天人感應說等相結合，形成易學中象數系統。而其他原與《易經》本來沒有關係的術數，如占星、形法、選擇，亦漸漸以易理（象數學說）為依歸。《四庫全書・易類小序》云：「術數之興，多在秦漢以後。要其旨，不出乎陰陽五行，生剋制化。實皆《易》之支派，傅以雜說耳。」至此，術數可謂已由「術」發展成「學」。

及至宋代，術數理論與理學中的河圖洛書、太極圖、邵雍先天之學及皇極經世等學說給合，通過術數以演繹理學中「天地中有一太極，萬物中各有一太極」（《朱子語類》）的思想。術數理論不單已發展至十分成熟，而且也從其學理中衍生一些新的方法或理論，如《梅花易數》、《河洛理數》等。

在傳統上，術數功能往往不止於僅僅作為趨吉避凶的方術，及「能彌綸天地之道」的學問，亦有其「修心養性」的功能，「與道合一」（修道）的內涵。《素問・上古天真論》：「上古之人，其知道者，法於陰陽，和於術數。」數之意義，不單是外在的算數、歷數、氣數，而是與理學中同等的「道」、「理」--心性的功能，北宋理氣家邵雍對此多有發揮：「聖人之心，是亦數也」、「萬化萬事生乎心」、「心為太極」。《觀物外篇》：「先天之學，心法也。……蓋天地萬物之理，盡在其中矣，心一而不分，則能應萬物。」反過來說，宋代的術數理論，受到當時理學、佛道及宋易影響，認為心性本質上是等同天地之太極。天地萬物氣數規律，能通過內觀自心而有所感知，即是內心也已具備有術數的推演及預測、感知能力；相傳是邵雍所創之《梅花易數》，便是在這樣的背景下誕生。

《易・文言傳》已有「積善之家，必有餘慶；積不善之家，必有餘殃」之說，至漢代流行的災變說及讖緯說，我國數千年來都認為天災，異常天象（自然現象），皆與一國或一地的施政者失德有關；下至家族、個人之盛衰，也都與一族一人之德行修養有關。因此，我國術數中除了吉凶盛衰理數之外，人心的德行修養，也是趨吉避凶的一個關鍵因素。

術數與宗教、修道

在這種思想之下，我國術數不單只是附屬於巫術或宗教行為的方術，又往往是一種宗教的修煉手段——通過術數，以知陰陽，乃至合陰陽（道）。「其知道者，法於陰陽，和於術數。」例如，「奇門遁甲」術中，即分為「術奇門」與「法奇門」兩大類。「法奇門」中有大量道教中符籙、手印、存想、內煉的內容，是道教內丹外法的一種重要外法修煉體系。甚至在雷法一系的修煉上，亦大量應用了術數內容。此外，相術、堪輿術中也有修煉望氣（氣的形狀、顏色）的方法；堪輿家除了選擇陰陽宅之吉凶外，也有道教中選擇適合修道環境（法、財、侶、地中的地）的方法，以至通過堪輿術觀察天地山川陰陽之氣，亦成為領悟陰陽金丹大道的一途。

易學體系以外的術數與的少數民族的術數

我國術數中，也有不用或不全用易理作為其理論依據的，如揚雄的《太玄》、司馬光的《潛虛》。也有一些占卜法、雜術不屬於《易經》系統，不過對後世影響較少而已。

外來宗教及少數民族中也有不少雖受漢文化影響（如陰陽、五行、二十八宿等學說。）但仍自成系統的術數，如古代的西夏、突厥、吐魯番等占卜及星占術，藏族中有多種藏傳佛教占卜術、苯教占卜術、擇吉術、推命術、相術等；北方少數民族有薩滿教占卜術；不少少數民族如水族、白族、布朗族、佤族、彝族、苗族等，皆有占雞（卦）草卜、雞蛋卜等術，納西族的占星術、占卜術，彝族畢摩的推命術、占卜術……等等，都是屬於《易經》體系以外的術數。相對上，外國傳入的術數以及其理論，對我國術數影響更大。

曆法、推步術與外來術數的影響

我國的術數與曆法的關係非常緊密。早期的術數中，很多是利用星宿或星宿組合的位置（如某星在某州或某宮某度）付予某種吉凶意義，并據之以推演，例如歲星（木星）、月將（某月太陽所躔之宮次）等。不過，由於不同的古代曆法推步的誤差及歲差的問題，若干年後，其術數所用之星辰的位置，已與真實星辰的位置不一樣了；此如歲星（木星），早期的曆法及術數以十二年為一周期（以應地支），與木星真實周期十一點八六年，每幾十年便錯一宮。後來術家又設一「太歲」的假想星體來解決，是歲星運行的相反，週期亦剛好是十二年。而術數中的神煞，很多即是根據太歲的位置而定。又如六壬術中的「月將」，原是立春節氣後太陽躔娵訾之次而稱作「登明亥將」，至宋代，因歲差的關係，要到雨水節氣後太陽才躔娵訾之次，當時沈括提出了修正，但明清時六壬術中「月將」仍然沿用宋代沈括修正的起法沒有再修正。

由於以真實星象周期的推步術是非常繁複，而且古代星象推步術本身亦有不少誤差，大多數術數除依曆書保留了太陽（節氣）、太陰（月相）的簡單宮次計算外，漸漸形成根據干支、日月等的各自起例，以起出其他具有不同含義的眾多假想星象及神煞系統。唐宋以後，我國絕大部分術數都主要沿用這一系統，也出現了不少完全脫離真實星象的術數，如《子平術》、《紫微斗數》、《鐵版神數》等。後來就連一些利用真實星辰位置的術數，如《七政四餘術》及選擇法中的《天星選擇》，也已與假想星象及神煞混合而使用了。

隨着古代外國曆（推步）、術數的傳入，如唐代傳入的印度曆法及術數，元代傳入的回回曆等，其中我國占星術便吸收了印度占星術中羅睺星、計都星等而形成四餘星，又通過阿拉伯占星術而吸收了其中來自希臘、巴比倫占星術的黃道十二宮、四大（四元素）學說（地、水、火、風），並與我國傳統的二十八宿、五行說、神煞系統並存而形成《七政四餘術》。此外，一些術數中的北斗星名，不用我國傳統的星名：天樞、天璇、天璣、天權、玉衡、開陽、搖光，而是使用來自印度梵文所譯的：貪狼、巨門、祿存、文曲，廉貞、武曲、破軍等，此明顯是受到唐代從印度傳入的曆法及占星術所影響。如星命術中的《紫微斗數》及堪輿術中的《撼龍經》等文獻中，其星皆用印度譯名。及至清初《時憲曆》，置閏之法則改用西法「定氣」。清代以後的術數，又作過不少的調整。

此外，我國相術中的面相術、手相術，唐宋之際受印度相術影響頗大，至民國初年，又通過翻譯歐西、日本的相術書籍而大量吸收歐西相術的內容，形成了現代我國坊間流行的新式相術。

陰陽學——術數在古代、官方管理及外國的影響

術數在古代社會中一直扮演着一個非常重要的角色，影響層面不單只是某一階層、某一職業、某一年齡的人，而是上自帝王，下至普通百姓，從出生到死亡，不論是生活上的小事如洗髮、出行等，大事如建房、入伙、出兵等，從個人、家族以至國家，從天文、氣象、地理到人事、軍事，從民俗、學術到宗教，都離不開術數的應用。我國最晚在唐代開始，已把以上術數之學，稱作陰陽（學），行術數者稱陰陽人。（敦煌文書、斯四三二七唐《師師漫語話》：「以下說陰陽人謾語話」，此說法後來傳入日本，今日本人稱行術數者為「陰陽師」）。一直到了清末，欽天監中負責陰陽術數的官員中，以及民間術數之士，仍名陰陽生。

古代政府的中欽天監（司天監），除了負責天文、曆法、輿地之外，亦精通其他如星占、選擇、堪輿等術數，除在皇室人員及朝庭中應用外，也定期頒行日書、修定術數，使民間對於天文、日曆用事吉凶及使用其他術數時，有所依從。

我國古代政府對官方及民間陰陽學及陰陽官員，從其內容、人員的選拔、培訓、認證、考核、律法監管等，都有制度。至明清兩代，其制度更為完善、嚴格。

宋代官學之中，課程中已有陰陽學及其考試的內容。（宋徽宗崇寧三年〔一一零四年〕崇寧算學令：「諸學生習……並曆算、三式、天文書。」「諸試……三式即射覆及預占三日陰陽風雨。天文即預

定一月或一季分野災祥，並以依經備草合問為通。」

金代司天臺，從民間「草澤人」（即民間習術數人士）考試選拔：「其試之制，以《宣明曆》試推步，及《婚書》、《地理新書》試合婚、安葬，並《易》筮法，六壬課、三命、五星之術。」（《金史》卷五十一·志第三十二·選舉一）

元代為進一步加強官方陰陽學對民間的影響、管理、控制及培育，除沿襲宋代、金代在司天監掌管陰陽學及中央的官學陰陽學課程之外，更在地方上增設陰陽學課程（《元史·選舉志一》：「世祖至元二十八年夏六月始置諸路陰陽學。」）地方上也設陰陽學教授員，培育及管轄地方陰陽人。（《元史·選舉志一》：「（元仁宗）延祐初，令陰陽人依儒醫例，於路、府、州設教授員，凡陰陽人皆管轄之，而上屬於太史焉。」）自此，民間的陰陽術士（陰陽人），被納入官方的管轄之下。

至明清兩代，陰陽學制度更為完善。中央欽天監掌管陰陽學，明代地方縣設陰陽學正術，各州設陰陽學典術，各縣設陰陽學訓術。陰陽人從地方陰陽學肄業或被選拔出來後，再送到欽天監考試。（《大明會典》卷二二三：「凡天下府州縣舉到陰陽人堪任正術等官者，俱從吏部送（欽天監），考中，送回選用；不中者發回原籍為民，原保官吏治罪。」）清代大致沿用明制，凡陰陽術數之流，悉歸中央欽天監及地方陰陽官員管理、培訓、認證。至今尚有「紹興府陰陽印」、「東光縣陰陽學記」等明代銅印，及某某縣某某之清代陰陽執照等傳世。

清代欽天監漏刻科對官員要求甚為嚴格。《大清會典》「國子監」規定：「凡算學之教，設肄業生。滿洲十有二人，蒙古、漢軍各六人，於各旗官學內考取。漢十有二人，於舉人、貢監生童內考取。附學生二十四人，由欽天監選送。教以天文演算法諸書，五年學業有成，舉人引見以欽天監博士用，貢監生童以天文生補用。」學生在官學肄業、貢監生肄業或考得舉人後，經過了五年對天文、算法、陰陽學的學習，其中精通陰陽術數者，會送往漏刻科。而在欽天監供職的官員，《大清會典則例》「欽天監」規定：「本監官生三年考核一次，術業精通者，保題升用。不及者，停其升轉，再加學習。如能黽勉供職，即予開復。仍不及者，降職一等，再令學習三年，能習熟者，准予開復，仍不能者，黜退。」除定期考核以定其升用降職外，《大清律例》中對陰陽術士不準確的推斷（妄言禍福）是要治罪的。《大清律例·一七八·術七·妄言禍福》：「凡陰陽術士，不許於大小文武官員之家妄言禍福，違者杖一百。其依經推算星命卜課，不在禁限。」大小文武官員延請的陰陽術士，自然是以欽天監漏刻科官員或地方陰陽官員為主。

官方陰陽學制度也影響鄰國如朝鮮、日本、越南等地，一直到了民國時期，鄰國仍然沿用着我國的多種術數。而我國的漢族術數，在古代甚至影響遍及西夏、突厥、吐蕃、阿拉伯、印度、東南亞諸國。

術數研究

術數在我國古代社會雖然影響深遠，「是傳統中國理念中的一門科學，從傳統的陰陽、五行、九宮、八卦、河圖、洛書等觀念作大自然的研究。……傳統中國的天文學、數學、煉丹術等，要到上世紀中葉始受世界學者肯定。可是，術數還未受到應得的注意。術數在傳統中國科技史、思想史，文化史、社會史，甚至軍事史都有一定的影響。……更進一步了解術數，我們將更能了解中國歷史的全貌。」（何丙郁《術數、天文與醫學中國科技史的新視野》，香港城市大學中國文化中心。）

可是術數至今一直不受正統學界所重視，加上術家藏秘自珍，又揚言天機不可洩漏，「（術數）乃吾國科學與哲學融貫而成一種學說，數千年來傳衍嬗變，或隱或現，全賴一二有心人為之繼續維繫，賴以不絕，其中確有學術上研究之價值，非徒癡人說夢，荒誕不經之謂也。其所以至今不能在科學中成立一種地位者，實有數因。蓋古代士大夫階級目醫卜星相為九流之學，多恥道之；而發明諸大師又故為惝恍迷離之辭，以待後人探索；間有一二賢者有所發明，亦秘莫如深，既恐洩天地之秘，復恐譏為旁門左道，始終不肯公開研究，成立一有系統說明之書籍，貽之後世。故居今日而欲研究此種學術，實一極困難之事。」（民國徐樂吾《子平真詮評註》，方重審序）

現存的術數古籍，除極少數是唐、宋、元的版本外，絕大多數是明、清兩代的版本。其內容也主要是明、清兩代流行的術數，唐宋或以前的術數及其書籍，大部分均已失傳，只能從史料記載、出土文獻、敦煌遺書中稍窺一鱗半爪。

術數版本

坊間術數古籍版本，大多是晚清書坊之翻刻本及民國書賈之重排本，其中豕亥魚魯，或任意增刪，往往文意全非，以至不能卒讀。現今不論是術數愛好者，還是民俗、史學、社會、文化、版本等學術研究者，要想得一常見術數書籍的善本、原版，已經非常困難，更遑論如稿本、鈔本、孤本等珍稀版本。在文獻不足及缺乏善本的情況下，要想對術數的源流、理法、及其影響，作全面深入的研究，幾不可能。

有見及此，本叢刊編校小組經多年努力及多方協助，在海內外搜羅了二十世紀六十年代以前漢文為主的術數類善本、珍本、鈔本、孤本、稿本、批校本等數百種，精選出其中最佳版本，分別輯入兩個系列：

一、心一堂術數古籍珍本叢刊

二、心一堂術數古籍整理叢刊

前者以最新數碼（數位）技術清理、修復珍本原本的版面，更正明顯的錯訛，部分善本更以原色彩色精印，務求更勝原本。并以每百多種珍本、一百二十冊為一輯，分輯出版，以饗讀者。

後者延請、稿約有關專家、學者，以善本、珍本等作底本，參以其他版本，古籍進行審定、校勘、注釋，務求打造一最善版本，方便現代人閱讀、理解、研究等之用。

限於編校小組的水平，版本選擇及考證、文字修正、提要內容等方面，恐有疏漏及舛誤之處，懇請方家不吝指正。

心一堂術數古籍 珍本 整理 叢刊編校小組

二零零九年七月序

二零一四年九月第三次修訂

欽定羅經透解

本衙藏板

羅經序

蓋聞羅經之制軒帝創其始周公遵其法指針方位分定然先天祇有十二支神漢張良配以八干四維與列於內名為地盤楊賴二公又加中外兩層號曰天盤人盤合成三才其中金纏星曆備細羅列衍寓河洛五行之奧顯藏義久而秘之尋繹精閒宏衰化象窮洞教包羅萬象經緯天地上可以格天運星度輪回下可以察山川方位吉凶中可以定人間陰陽兩宅而為萬事利用之至寶也漢晉暨宋名賢崛起自楊曾廖賴而外

代不乏人故貧進福應驗之神究其著書立說則雖總固在星辰作用實在羅經後之業堪輿者講巒頭取象類習例杖分門別戶嘵嘵爭鳴全不講究羅經不知地理之挽要心巒頭為體以經盤為用即用羅經其中之細義不明恐毫釐之差千里之謬況經盤不講則龍穴砂水無由辨其真偽休咎縱得巒頭融結之美往往吉地凶遷致使水蟻安浸人財敗絕其弊可勝言哉諺云庸師不明傾覆全家信然也余隨習地理多歷年所頗識星巒吉凶之道並善選擇星期惟恐羅擅未[illegible]

這所鮮明禍福雖定後博覽古今名錄廣授明師秘授將羅經全体大用潛心考究參透九撚由畢踐跡山川通訪名墳鄉塚考驗禍福百無一失則地理之道之安備悉而可以問世已外可以質諸人凡為人遷葬遷下頗能趨吉避凶而無傾家敗絕之害但制作精微穿山透地消砂納水分金[illegible]層次繁環法深渺有各層分用者有兩層互用者有一層兼用者有通盤合用者此中有要而通之神而明之之妙用焉倘一錯誤陷於匪小余謹將古製羅經圖説三十六層集成一帙付之棗梨敬諸

四方顧天下後世共知共循例按圖讀用事再從偽經顯露擇則盡善盡美而於造福之道庶乎不差矣

道光三年歲次癸未桂月吉日太原四合堂陰陽學王道亨題於鳳山書齋

昔者聖人之作易也。仰以觀於天文。俯以察於地理。又曰立天之道曰陰與陽。立地之道曰柔與剛。此地理之說昕由昉也。至於詩云。相其陰陽。觀其流泉。又其尤大彰明較著者也。自秦漢以後精此道者。代不乏人。如晋之郭景純。唐之楊筠松。則深造於元妙之極。曠代難逢矣。近世儒者。多不講究地理。往往置親骸於無龍無穴砂飛水走之境。以致水蟻交侵。後嗣敗絕。良可惜也。語云。為人子者。不可以不知醫理。不可以不知地理。人曰。山川若能語。地師色如土。臟腑若能語。醫士食無所。誠見夫此道之難精。不可以淺嘗浮慕之學。自誤而並誤人也。宋儒惟朱蔡二夫子洞達精微所著發微論。足以傳世不朽。奈何不取以覽觀之也。第此道自楊曾廖賴四大家而外精之者難以悉業合而言之。不過巒頭天星而已矣巒頭即形勢。天星即理氣。二者不可偏廢也但形勢之在天壤間。任人橫看。順看遠看近看。明眼者。易於察識。如沈新周地學。曹安峯原本。以及山洋指迷堪輿一貫等書。言之詳且盡矣若理氣則必講求羅經深探夫三氣五行之精。默悟夫河圖洛書之秘廣之則有三十六盤之妙約之則有十五盤之神機致廣大而盡精微非得人指授必不能憑虛而參其妙諦也顧或謂形勢不佳雖理氣相合。亦不足用此其說固然而特恐形勢佳。而理氣不合。則地吉葬凶亦不發福。況大地甚少。非大德不能得。至於尋常山原苟於理氣不乖亦足以廷嗣續而贍衣食則執羅經以求地理業斯術者。詎可不條分縷晰。以盡心於趨吉避凶之用乎。定邑王公道亨。幼業儒術長學地理沉潛多年。嘗病世人徒講形勢。而不求理氣以致受害無窮。因博覽羣書。遍考名墓。深察禍福之本實驗貧富之原乃著羅經透解一書而問序於余。時余司鐸茂州因歲試在省讀其書。知公留心濟世，欲人安親骸利後嗣以造福祐無窮也。至於求地，必合天理有大德乃逢大地。此又理勢之必然而無疑者。世人更不可視爲老生常談而不留意於洪範陰隲之訓也。

旹

道光三年歲次癸未五月下浣茂州學正杏林聶元

樟撰

新訂王氏羅經透解卷一　　四合堂藏板

李維賓
鄧觀淯
朱國洪
陳萬鵬
授業　　叅閱

蜀東陰陽學王道亨　輯錄
定邑儒佳王紹之　校正

蓋龍分三八。氣屬五行。陰陽消長。雖在龍穴砂水與向。而禍福樞機。全在一穴中。穴中消砂。穴中納水。穴中乘氣乘法有三。要明五卦。固必審龍細認出脉處審穴。細認動氣處。審來水細認出面朝映處審去水細認玄竅相通處。審水細認合局破局處審龍看後審向看前。來水看來。去水看去。倘不明形勢。漫下羅經。

聖云庸醫之誤。不過一人。庸師之誤。傾覆全家皆因有絕向。而無絕龍。不識出水。錯於立向耳願天下明師共相叅閱俾仁人孝子同獲吉地齊登富貴之天。

老証古聖先賢書籍名錄於后

我

朝欽定協紀辨五行言天星講年月

沿彈子辨向水分宮

劉氏家藏講年月

一貫堪輿言星體講羅經

四彈子講星體言泉法

象吉講年月

正紀一統講羅經言穿山透地

天機會元言星體講羅經

鰲頭言年月講卦例

頂門針言羅經辨五行講天文地理

平地五星講陽宅

原真講水口言三合

地理不求人講星體講羅經

青囊經言卦例

曹安峯言星體

雪心賦言星體

玉髓經講星體

山洋指迷言星體

五種秘竅言卦例講羅經

崇正闢謬講年月辨五行

沈新周言星體

地理統一全書言星體

陳子性講年月言五行

王尺經言天文地理

一要廣覽先賢諸書明集所以知黃卷中自有明師指秘

層次目錄

第一層。先天八卦。變後天八卦方位。先天為體。後天為用。用後天不可破先天。用後天不用先天而先天體在其中矣

第二層。洛書變四象。化後天。成九紫。分六甲。一百二十分金縱横十六個十五數。層文明之象。

第三層。八煞黄泉。即先天八卦之官鬼爻。渾天五行作用龍忌來水立向。忌尅龍

第四層。八路四路。反復地支。白虎黄泉。煞曜八干向忌四維水來。四維向忌八干水来去則吉来則凶犯

之主損財傷丁之驗
第五層九星乃應垣局分龍貴賤變土色求穴情應二十四位天星位次取用
第六層地盤正針格龍定向乘氣入穴立宅安坟陰陽選擇總統三十六層皆由此盤運用
第七層陰陽龍由先天八卦乾南坤北離東坎西居四正之地為陽震巽兌艮居先天四維之地為陰每卦納甲干支為陰陽各半變水法不可陰陽差錯
第八層正五行絲地盤之下其源由河圖而來分東南西北二十四山金木水火土相生相尅為用

第九層。刼煞。以坐山為主。忌一山破碎。凶惡歪斜。秀美不忌

第十層。穿山七十二龍。在地盤下。只六十甲子。五子中載十二紅正字。抵四維八干。湊成七十二龍。以為理龍入首。接承透地。乘氣入穴。一脉貫注。又合每歲七十二睺為用

第十一層。穿山為本卦。周易為天統易。以乾為首言天道變化。卦爻通乎律呂。補助來龍坐穴。體用之主

第十二層。中針人盤。參合天地二盤。為天地人三才。賴公以此消砂。並參合挨天星二十八宿為表裏論

太陽到山十二纏舍星次十二宮分野二十四位天星透地奇門皆由此盤統用

第十三層透地六十龍名曰天紀在坟宅後八尺巒頭分氣貫穴有旺相珠寶煞曜火坑孤虛差錯空亡之别取九六冲和卦為旺相無冲和為空亡

第十四層透地奇門取子父財官祿馬貴人陰陽二遁起例

第十五層透地卦以透地為內卦一曰連山夏得人統易以艮為首配卦以渾天五行裝子父財官祿馬貴人四吉砂水為用

第十六層透地六十龍配二十八宿五親砂水禽星，椿世管局出乎自然而用

第十七層定四吉五親三奇八門九星到方（後列二十四圖）

第十八層縫針天盤變來去之水乃楊公九星天父卦翻輔武破廉貪巨祿文吉凶神斷出乎靜陰靜陽

第十九層秘授正針二百四十分數由洛書縱橫十六個十五數每山十數二十四山共二百四十分為分金之源

第二十層地盤分金為二八加減（乃砂水明堂案正克命克龍故有三七加減）

第二十一層天盤分金為三七加減每山分金有五

如子山則有甲子丙子戊子庚子壬子避甲乙爲孤壬癸爲虛戊已爲煞曜取丙丁爲旺庚辛爲相以兌架線誤落差錯空亡之害

第二十二層分旺相孤虛取丙丁庚辛抵紅圈爲旺相戊已抵乂字爲煞曜甲乙壬癸抵黑点爲孤虛空亡之別

第二十三層分金配地元歸藏爲外卦殼得地統易以坤爲首六十卦配六十分金取金卦兩全旺相爲得全冲合爲得卦卦有六十四卦除坎離震兌先天四正卦應春夏秋冬一季管一卦一卦六爻一爻管

十五日四六二十四爻管二十四氣外六十卦每月五卦一卦管六日六六管三百六十日為一年

第二十四層納音五行六十甲子天干地支由先天八卦納甲取配除乾坤大父母不數天干值子午丑未在震巽二卦推論天干值寅卯申酉在坎離二卦推論天干值戌亥辰巳在艮兌二卦推論其法取九木七金五水三火一土訣在頂門針方知深義

第二十五層十二宮分野得星峯秀麗砂水清奇應出貴食祿此州

第二十六層二十八宿纏分野度某星分在某省州

城府縣。象懸此宮。

第二十七層。逐月二十四。氣迎太陽到山避凶煞趂諸吉臨宮取四大吉時為神藏煞没造葬上吉。

第二十八層。登明十二将迎太陽到宮半月到一山一月過一宮逆行二十四山

第二十九層娵訾十二神。迎太陽纏舍每月中氣取貴人登天門

第三十層宮舍館驛即太陽神將。文武百官鎮守之地每月同太陽過一宮造葬大吉諸煞潛藏

第三十一層二十四位天星以映垣局分三吉六秀

九星砂水。催官發福若得一貴山必出大貴先聖云龍以冲和為美星以得配為佳正此耳。

第三十二層渾天星度五行在二十八宿分為七政各有所屬。一宿亦有五行上載金十二。木十三水十二火十二土十二共六十一位唯艮宮多一木字。其星為五星登垣五行所穿山透地分金吉凶相為表裏。又合每歲三百六十五度七十二睺

第三十三層平分六十龍參合渾天六十一字一龍抵一字。一字管六日。六六皆管三百六十五日。三時以應每歲周天度數七十二睺為羅經架線分金透

地。坐穴。取用。無訛。正合象吉書二十四山。透地龍乘
氣入穴
第三十四層。合人盤二十八宿。經緯度數上載三百
六十五畫每宿度內分上關中關末關硝砂宮位作
用為挨星法　一
第三十五層。定差錯空亡。紅圈黑点。分金架線。兩穿
山透地相為表裏有分金線壓在紅圈上。無分金線
落墨点內。毫髮不爽。
第三十六層。二十八宿配二十四山。兩人盤中針硝
砂。名曰挨星法。以穴坐之星為主前向左右之星為

賓穴塲者北辰也砂水者二十八宿也辟如北辰居其所而衆星拱之正此謂也
以上三十六層廣搜先哲遺書體用兼該並余嘗見造此羅經全圖指明用法訣竅付之梨棗散諸各方造葬者按圖訣而用事則趨吉避凶之法亦區區苦心云尔

論羅經之用如樹泉測影

盎羅經之始乃軒轅黃帝戰蚩尤迷其南北天降玄女授帝針法始得破彼妖術此針法所由來也

緣事屬荒遠莫能稽考或者謂周成王時越裳入貢歸迷故道周公遵其針法造指南車以送之針法始定而　帝因授流傳必以羅經定其位而察其氣乘其氣而裁其穴察宿度合天星取生旺明制化體先天用後天觀水步之去流察禍福於毫厘使神不能專其宰天不能易其命故君子貴以有奪神功改天命之才也然地有不全之功可以補之有抑減之數可以易之則三才之理要自羅經始明故以上觀天時下察地利中定人事舍此無他道也

論大極化生

一為太極是黃道五行百千萬化也二為兩儀一陰一陽乾坤也三為三才天地人也四為四象東南西北五為五行金木水火土也六為六甲六十花甲也七為七政日月五星也八為八卦乾坤艮巽震兌坎離也九為九宮貪巨祿文廉武破輔弼也十為成數洛書一得九而成十也

考驗羅經層次起例用法對證

蓋羅經之制原本太極為天地之精凝萬物之根本何謂羅乃包羅萬象何謂經乃經緯天地所以立規矩權輕重成方員莫不由金針與天池始定風水焉

假令羅經無天池則子午無定陰陽莫分。八卦九宮何由而别。五行迭運無自而用。兩頭支干莫由能效龍向氣脉亦無由而稽。故天池藏有金針。動而為陽。靜而為陰。兩儀判四象。分八卦。定吉凶自然化化生生於不窮。况天池本無極頭始於正中。頂針一點為祖氣亦萬物萬化之根本也分按天池外。羅經即大極也是以子午中。分為兩儀兩儀合卯酉。為四象四象合四維即八卦。八卦定方位。各司其令。而天道成地道平。人道立矣。

詩曰。虛危之間針路明。南方張度上三乘坎離正位人難識。差卻毫厘斷不靈。

第一層先天八卦

蓋先天八卦。乃羲文二聖所作。與天地合其德。日月合其明。四時合其序。鬼神合其吉凶。從太極分動靜而生陰陽。為兩儀。從陽儀中。生太陽少陰。從陰儀中生太陰少陽。是為四象。從太陽中。生乾一。兌二。從少陰中。生離三。震四。從少陽中。生巽五。坎六。從太陰中。生艮七。坤八。為之八卦。八卦定吉凶。吉凶生大業。卦畫奇偶。乾三連。坤六斷。震仰盂。艮覆碗。離中虛。坎中滿。兌上缺。巽下斷。為卦成也。取象則乾為天。坤為地。震為雷。艮為山。離為火。坎為水。兌為澤。巽為風。分別五行乾兌金。坤艮土。離火坎水震巽木分位八方乾南坤北離東坎西震東北艮西北兌東南巽西南易曰。天地定位山澤通氣雷風相薄水火不相射。分別順逆左旋自震至乾。皆得其已生之卦為順右旋自坤。至巽皆具未生之卦為逆數往者順。知來者逆。先天卦位。以對待為義。出於陰陽消長之數有自然而然之妙。是以陽生於子。極於午。故正南為乾。乾正陽之極也。陽極則一陰生。以西南為巽巽正一陰生之如也陰生則氣必盛而包陽故正西為坎坎正一陽中藏而包在盛陰之內。陰盛則陽漸消時當碩菓將食之會故西北為艮。艮非二陰之盛而一陽之漸消乎。陰生於午。極於子。故以正北為坤。坤正陰之極也。陰極則一陽生。故以東北為震。震正一陽之始生也。陽生則氣必盛而包陰。故以正東為離。離正一陰中藏而包在盛陽之內。陽盛則陰將漸消。勢處無號終凶之會。故以東南為兌。兌非二陽之盛而一陰之漸消乎。是乾坤正位於南北者。推之陰陽消長出於自然有若坎離正位東西。以觀日月朔望弦晦盈虧之故。其由下弦馴至於員明乃陰之消陽之息自下而漸長。故左旋之卦。一陽震。二陽兌。三陽乾。有以象之

也由上弦剝至於全晦乃陽之消陰之息故右旋之
卦。一陰巽。二陰艮三陰坤有以象之。也所以然者陰
明而陽晦故月陰常禀日陽之光朔則日光背而月
晦望則月光對而月圓且明也知月之晦明盈虧而
日在其中矣坎離正位列於西東陰陽消長出於自
然。世人知先天對待之卦不知陰陽消長之妙所以
理氣之體。包括無盡也。文王後天則異位卦取流行
以成一歲之運至於變先天之體而顯之於用者其
卦序不從太極兩儀四象生來乎。又以乾之純陽為
父。而生震長男坎中男。艮少男以坤之純陰為母而

生巽長女。離中女。兑少女其氣分別陰陽則乾之三奇為陽而震坎艮之二偶一奇亦為陽此三卦禀氣於乾父陽從陽類。一奇為主。而二偶聽之故易辭所謂陽卦多陰一君二民君子之道以坤三偶為陰而巽離兑二奇三偶為陰此三卦各禀氣於坤母陰從陰類。一偶為主。而二奇聽之故易辭所謂陰卦多陽二君一民小人之道。其分別八方。為後天始震坎巽而終於艮發生於始。收成於終以象一歲流行之運故易曰。帝出乎震齊乎巽相見乎離致役乎坤說乎兑戰乎乾勞乎坎成言乎艮詳而論之後天卦位以流行為義耳卦有陰陽純駁而其所居宮位適相符合一毫無所牵強者觀充化運用之樞紐首以天地二極為要區非卦得陰陽之至純者不足以居之故天之北極在亥而乾以純陽天象居西北地之南極在申而坤以純陰地象居西南俱是當極際關切要去處非徒謂其老亢退居無為之地也至哉乾坤為陰陽之祖宗衆卦之父母故文王所以安頓乾坤兩卦居二極之地外此坎中男離中女似非有長男代父長女代母之權也何故以坎離代先天乾坤而正居南北之正位所以中分陰陽而立八方之標準非

卦稟陰陽中正之氣者不足以居之故離本先天乾體得坤中一陰而中虛坎本先天坤體得乾中一陽而中實各得陰陽中之正氣而諸卦之上下雜稟陰陽者不同文王用坎離正位於南北大有深意非偶然也二卦各鐘氣於乾坤之中爻位在先天則正居於西東後天居於南北合先後坎離各入出東南西北之丑中不失先天乾南坤北之本體故也震本長男得氣在坎離之先何不代乾居南而東位之是出何哉誠以震一陽始生卦既首冠於六子則其出居之條必首冠於五方所生之令必首冠於四時長男

代父即不欲不居青宮以司春令而居正東豈可得哉既以長男代父而資始豈不以長女代母而資生乎此巽所以繼震之後位居東南者以長女附長男以陰木佐陽木互相協助而俾其資始資生之並茂焉兑為少女金之弱質乃陽之不能自生旺者故以正西居之兑左附乾父金資金助右依坤母金藉土生則兑如是乎艮為少男似亦土之簿氣然艮與兑陰之柔弱無為者不同猶能附人成事而稍俾於處力之萬一故以艮居東北時當貞下起元之會水將盡而木將繼之候也於是水得之而有滋潤生息之

機木得土而有栽培生長之勢不得不居東北以少男附長男而協成一歲之功妙矣哉文王之易施後天之用實先天之體合洛書兼河圖地法因之以每卦管三山合三八二十四位用後天不用先天即用後天而先天之體在其中矣

此乃先天八卦自然對待夫婦蓋先天以人之魂後天以人之體有魄則有人無魄則無人互相配合變化無窮而為陰陽起化之根萬古不易之規者也何以見其為根而不可易以先天對待八卦並論以九畫而應九宮以天地定位共九畫水火不

相射共九書雷風　相薄共九盡山澤通氣共九書四九三十六畫以應三十六宮故乾遇巽時為月窟坤逢雷地現天根天根月窟閒来往三十六宮都是春而羅徑因載化三十六層〻曾隱妙、字字八玄時師多不察其本源究其體用兼該之妙、余因是逐一註解詳列、分明、以共世學、不没先聖苦心

先天八卦式

易曰乾以君之坤以藏之雷以動之風以散之雨以潤之日以晅之艮以止之兑以悅之以運四時

雷即震風即巽雨即坎日即離

第二層洛書即後天八卦

夫洛書者戴九履一左三右七二四為肩六八為足五居其中此為洛中神龜負圖以成變化無窮一為坎水二為坤土三為震木四為巽木五為中宮六為乾金七為兌金八為艮土九為離火八卦由此而生曆法因此有一白二黑三碧四綠五黃六白七赤八白九紫取象以化四象太陽居一而連九四九三十六太陰居四而連六四六二十四三十六二十四合共六十數以成六十甲子少陽居三而連七三七二十八少陰居二而連八二八三十二合共六十數以

成六十花甲合前六十重之化一百二十分金之源也化奇偶陰陽之數、一三五七九奇數屬陽、二四六八十、偶數屬陰、乾坤坎離四卦屬陽、震巽艮兑屬陰後天一得九而成十、坎離即子午向也、二得八而成十、坤艮向也、三得七而成十、震兑酉夘向也、四得六而成十、乾巽向也、為後天對待夫婦、從洛書數之坎一乾六艮八、共十五數居北、巽四離九坤二、共十五數、居南、震三巽四艮八、共十五數居東、兑七坤二乾六共十五數居西、総共六十、以應六十龍由来之源也、四正四維及中央共六十數、合前六十數、又是一百二十分金縱橫十六個十五數筭之二百四十分每山十分以應二十四山旺相孤虛煞曜鈐作用也至於河圖一六共宗甲與己合二七同道乙與庚合三八為朋丙與辛合四九為友丁與壬合五十同途戊與癸合可見河圖洛書運用者廣矣且逢合則化必得五而成十故甲己起甲子至五位逢戊辰化土乙庚起丙子至五位逢庚辰化金丙辛起戊子至五位逢壬辰化水丁壬起庚子至五位逢甲辰化木戊癸起壬子至五位逢丙辰化火此相合相化皆從五子原遁逢寅而生遇辰而變理之常也與甲己起甲

子至寅為丙寅火生戊辰土後四宮同推洛書一得五而為六則甲与己合二得五而為七則乙与庚合三得五而為八則丙与辛合四得五而為九則丁与壬合五得五而為十則戊与癸合河圖一六水二七火三八木四九金五十土天一地二天三地四天五地六天七地八天九地十言天數者甲丙戊庚壬五陽干言地數者乙辛己丁癸五陰干凡大衍之數天數二十五地數三十共五十五數至精至微妙用無窮

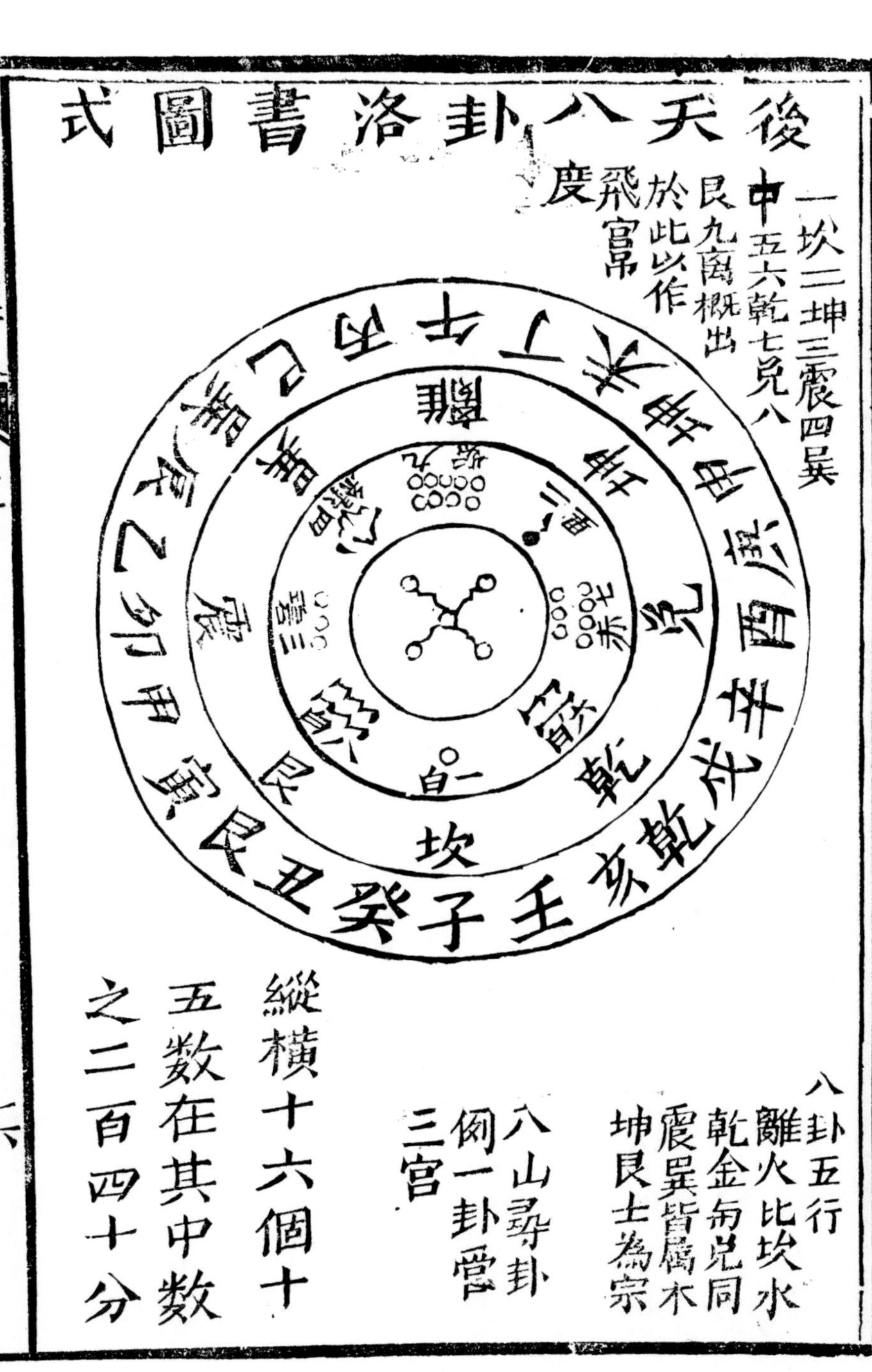
後天八卦洛書圖式
一坎二坤三震四巽中五六乾七兌八艮九离概出於此以作飛宮度
子 癸 丑 艮 寅 甲 卯 乙 辰 巽 巳 丙 午 丁 未 坤 申 庚 酉 辛 戌 乾 亥 壬
坎 艮 震 巽 離 坤 兌 乾
一白 八白 三碧 四綠 九紫 二黑 七赤 六白
八卦五行
離火比坎水
乾金與兌同
震巽皆屬木
坤艮土為宗
八山尋卦例一卦管三宮
縱橫十六個十五数在其中数之二百四十分

第三層八煞黃泉

坎龍坤兎震山猴巽鷄乾馬兑虵頭艮虎離猪為煞曜宅墓逢之一時休 此煞為諸惡之首浩葬最忌

世人用法。呼為八煞黃泉。皆畏忌之。殊不知實有九煞。如坎龍辰戌水来。其煞有二。至坤龍[illegible]水来震龍申水来。巽龍酉水来。乾龍午水来。兑龍巳水来艮龍寅水来。離龍亥水来。類皆一龍一煞。其訣總在因龍變水。依水立向。偏之煞為官。皆為天司之地若不知此則危矣。宜細詳之。至於選日造命則在年月日時忌用。

坎山忌戊（艮。戊）坤山忌乙卯震山忌庚申。巽山忌辛酉乾山忌壬午兌山忌丁巳艮山。忌丙寅。離山。忌巳亥皆渾天官鬼爻　凡造葬。修方三者。年月先將太歲入中宮。弔替順輪數之。次將月建日時弔九宮如遇癸巳癸亥年月日時入中宮。則戊（艮。戊）到一白。萬不可修坎方。造葬坎山。　巳酉年巳酉月。巳酉日。巳酉時入中宮弔乙卯。二黑到坤。不可修坤山造葬坤山。　癸丑年。癸丑月。癸丑日。癸丑時。入中宮弔（庚申 辛酉）到（三碧 四綠）不可修葬（震 巽）山　辛巳年月日時入中宮弔壬午六白到乾。不可修葬　乾山。

乙卯年月日時入中宮吊丁巳七赤到兌不可修葺兌山。　癸亥年月日時入中宮。吊丙寅八白到艮不可修葺艮山。　乙未年月日時入中宮吊己亥九紫到離。不可修葺離山。皆為八煞歸宮。定主百日內。大生凶禍。最宜避之。

渾天五行歌

乾金甲子外壬午坎水戊寅外戊申。艮土丙辰外丙戌震木庚子午庚臨巽木辛丑外　辛未。離火己卯己酉尋。坤土乙未加癸丑。兌金　丁巳丁亥平。

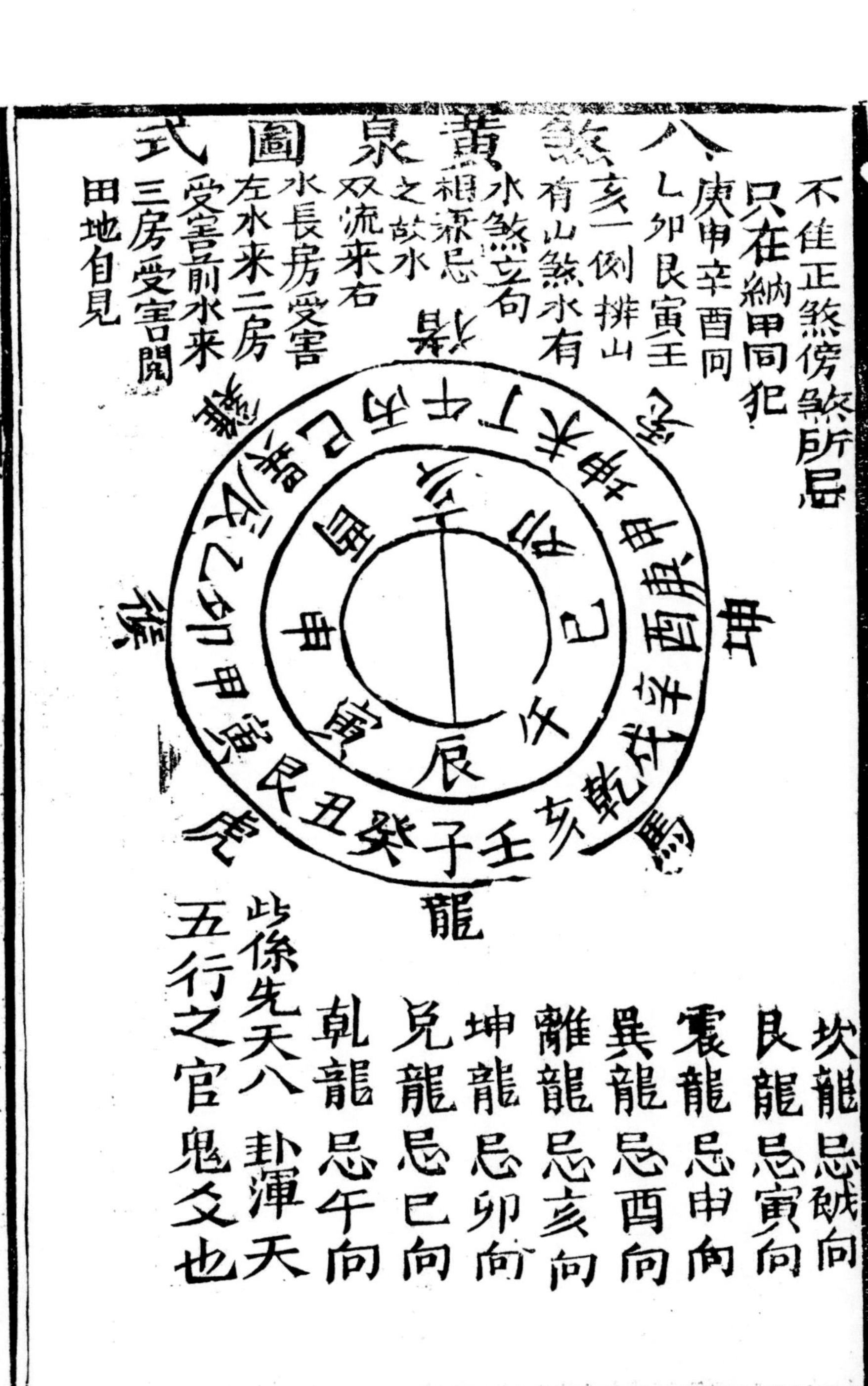

八煞黃泉圖式

不佳正煞傍煞所忌只在納甲同犯庚申辛酉向乙卯艮寅壬亥一例排山有山煞水有水煞忌向相混忌之故水双流来右水長房受害左水来二房受害前水来三房受害閱田地自見

坎龍忌辰向
艮龍忌寅向
震龍忌申向
巽龍忌酉向
離龍忌亥向
坤龍忌卯向
兌龍忌巳向
乾龍忌午向
此係先天八卦渾天五行之官鬼爻也

第四層八路四路黃泉

庚丁坤向是黃泉坤向庚丁切莫言巽向忌行乙丙上乙丙須防巽水先甲癸向中憂見艮艮逢甲癸禍連連辛壬乾路最宜忌乾向辛壬禍亦然

此煞只忌向上來水開門放水尤忌。以坐山起例用長生掌。數至絕暮方上消放是也如甲山庚向甲本長生亥。墓未。絕在坤方是也餘山放此

此借向上以論坐山。庚向則坐甲山丁向則坐癸山乃金羊收癸甲之靈是坤未之水宜去。而不宜朝倘朝入穴前即黃泉大煞主少亡孤寡專以坐山為主

不論龍左旋右旋聖人云生旺墓吊合而孟仲季倣
分言生旺二方宜來墓庫方宜去若宜來反去是生
養水去則孟房敗帝旺水去則仲房敗如當去反來
是死墓來也則季房敗定此一局餘三局同推

地支黃泉

卯辰巳午怕巽宮午未申酉坤莫逢酉戌亥子乾宮
是子丑寅卯艮遭凶

白虎黃泉

乾甲坎癸申辰山白虎轉在丁未間更有離壬寅兼
戌亥宮流水主憂煎震庚亥未四山奇水若流申却

不宜更有兑丁巳兼丑犯着乙辰向虎欺坤乙二宫

丑莫犯水来殺男定無疑艮丙愁逢離上午巽辛遇

坎禍难移

此二黄泉専論向為主忌開門放水

八路黃泉式

具訣總以向上祿或水來
到堂或門路最畏忌之主
傷丁凶禍敗家離鄉
別祖之驗須要依
水立向則無此煞
如坤水來當用立
坤申二向收之
則吉若立庚向
黃泉也　必凶
餘局同推

正針

庚　酉　辛　戌　乾　亥　壬　子　癸　丑　艮　寅　甲　卯　乙　辰　巽　巳　丙　午　丁　未　坤　申

庚丁　坤　乙丙　巽　甲癸　艮　辛壬　乾

第五層九星以應四垣局

九星者貪巨祿文廉武破輔弼是也二十四山配合須用地母卦定之從八卦變曜坤卦對宮起貪以配何也

艮丙貪狼木巽辛巨門土乾甲祿存土離壬寅戌文曲水震庚亥未廉貞火兌丁巳丑武曲金坎癸申辰破軍金坤乙輔弼木土是也

易曰天垂象見吉凶在天成象在地成形下映二十四山星有美惡故地有吉凶所謂大之所覆地之所載是以天皇星在亥上映紫微垣艮映天市垣巽映

太微垣。兌映少微垣。此四垣。為天星之最貴者天貴映丙天乙映辛。南極映丁。合艮巽兌為六秀。又天屏映巳。為紫微垣之對宮。稱帝都明堂。故亥巳合六秀人稱八貴。離居正南。為天地之中。俱吉。若諸陽龍則為下也。總以紫微。少微。天市。太微。為天星四貴。四垣中紫微。天市。太微。三垣有帝座立國建都之驗。合三垣為妙。至於少微。無帝座建都不取。此以二十四位天星配山。砂水應驗。又以三陽六建之龍。三陽者巽丙丁。六建者。天亥。地艮。人丁。財卯。祿巽。馬丙。星衣者五吉。丁。玉門巽。文筆辛。學堂內。舍堂卯。長壽丙丁金帶庚酉辛銀帶夘艮。驟富文秀巽辛。以上三吉六秀之内。陽宅。大旺人丁富貴綿遠。陰地主無水蟻發福悠久此天星之宮位。砂水之美惡由是而定砂貴出人貴砂賤出人賤至若尋龍捕穴。過峽變土色求穴情過峽是名穴亦石。紅是廉貞黃巨門皆以九星論之

土色專看龍過峽峽與穴情一般法

變土色之法。務要以入首過峽処。格定羅經。如艮丙貪狼木龍來穴土必青辛巽巨門土。穴土必黃乾甲祿存土。穴土亦黄離壬寅午戍水穴。土必黒聚庚亥

末廉貞火穴土必紅。兌丁武曲金穴土色白。坎癸申辰破軍金穴土必黑白色。坤乙輔木弼土。艮土必青黄取紅黄光潤為佳。乾枯黑色為凶。土厚為佳。堅硬為凶。頑石亦凶。此前九星作用之功。而後列四垣九星。以應垣局。二十四位天星。分野宮度一盤。相為表裏。

占土色法

催官篇云。峽紫定知穴亦紫。紅是廉貞黄巨門。先賢葬說云。卜其宅兆。卜其地之美惡。取其土色之光潤草木之茂盛。他時不為溝池道路城郭。此遍貴勢此奪則為美矣葬地美則七魂安而子孫盛理故然也故古人定穴外看山川形勢內占土色紋理土色美惡務要堅實溫潤如栽肪如切玉者為上枯槁鬆泛為凶金氣凝者多白水氣凝者多黑木氣凝者多青穴氣凝者多赤土氣多黃或有其土如英石如龍腦石花蕊石碧玉石之類皆是吉土更要取其特異者為真耳若滿山皆常土唯穴中得細膩之土最妙若滿山土皆與穴中土一様而不變色者亦屬平平至於開穴見生物如龜如魚者天地精氣此結故其旺盛凝結如此倘見蛇鼠虫蟻者必凶不可誤認為生

氣

貪狼九星式

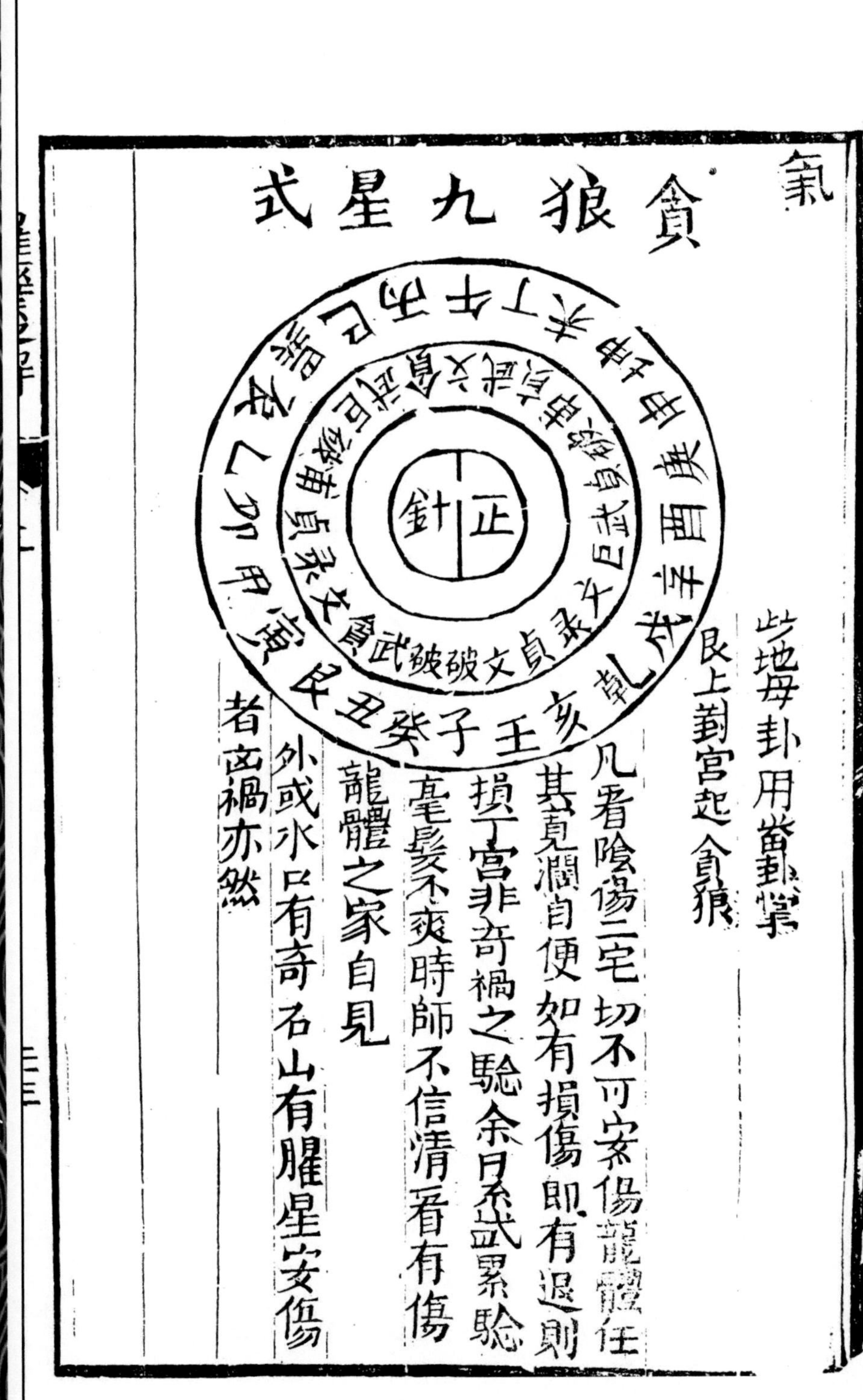

此地母卦用翻卦掌

艮上翻宮起貪狼

凡看陰陽二宅切不可穿傷龍體任其寬闊自便如有損傷即有退則損丁宮非奇禍之驗余目然亦累驗毫髮不爽時師不信請看有傷龍體之家自見

外或水口有奇石山有腥星安傷者凶禍亦然

第六層地盤正針

謂先天經盤辨方定位立向為羅經之始先天地支只載有十二位一名十二雷門為胎骨龍以正針論之子午卯酉為天地四正之位寅申巳亥為五行長生之地辰戌丑未為五氣歸元之所故後天正針運用支支相頂地夫屬陰靜不動也後天增之四維八干四維者乾坤艮巽八干者甲庚丙壬乙辛丁癸屬陽主動以居十二支位之界縫當氣候遁代之間故謂天地間有陰不可無陽陰支中得陽干是不得錯雜其間則陰資陽而不至於虛陽藉陰而不至於孤

二氣自有化生之妙矣後天正針之制不外乎六十
二支而變矣地盤全為縫針中之針根穿山透地之本
五行生旺休囚之異位。陰陽順逆。旋轉之殊例自此
而推。上參日纏舍過將。下察九州分野。諸妙俱備智
者孰此。後人以正針二十四山。本於文王八卦。每卦
管三山。子午卯酉。居坎離震兑四正之位。為四藏卦
乾坤艮巽。居四維之地。為四顯卦。四正得金木水火
之正氣。坎正北。左右壬癸付之。離居正南。左右丙丁
付之。震居正東。左右甲乙付之。兑居正西。左右庚辛
付之。四維者。乃地支中之四庫四生附也。乾居西北

戌亥付之坤居西南。未申付之巽居東南。辰巳付之艮居東北。寅丑付之偏正兼該。顛藏互用。經天緯地無比不貫。格龍定向。立穴乘氣。消砂納水。建宅安墳陰陽選配。作用最廣。其中排六甲。在八門推五運定六氣。五行顛倒。異用無窮矣。古仙云識得五行顛倒顛便是人間地中仙。且又合龍。玄關通竅其用當於龍脊上先分四大水口。次以左右旋論。古聖云乙丙交而趋戌。辛壬會而聚辰丑牛納庚下之氣金羊收癸用之靈論先天後天之理詳明某局水口。右旋甲卯為乙木當配丙火出戌口為妻而夫相配若配庚出丑配甲出未配壬出辰便為路遇之夫犯陽差病左旋丙午為丙火當配乙木出戌口為大與妻相配若配辛出辰配癸出未。配丁出丑便為路遇之妻犯陰錯病如右旋丙午。為丁火當配庚金出丑口。為妻与夫相配若配丙出戌配甲出未配壬出辰。便為路遇之夫犯陽差病左旋庚酉為庚金當配丁火出丑口為夫与妻相配若配辛出辰。配癸出未。配乙出戌便為路遇之妻犯陰錯病。右旋庚酉為辛金當配壬水出辰口為妻与夫相配若配庚出丑配甲出未配丙出戌便為路遇之夫犯陽差病左旋壬子為壬水當配辛金出艮口。為夫婦妻相配若配丁出丑 配癸出未配乙出戌便為路遇之妻犯陰錯病右旋壬子為癸水當配甲木出未口。為妻婦夫相配若配庚出丑配丙出戌 配壬出艮便路遇之夫犯陽差病 左旋甲卯為甲木配癸水。出未口為夫婦妻相配若配辛出艮配丁出丑配乙出戌便為路遇之妻。犯陰錯病此四局以龍向坐山配水入堂出口慎勿忽之

又如甲。乙寅卯巽五龍入首左旋為甲木生亥旺卯墓未右旋為乙木生午旺寅墓戌丙丁巳午四龍入首在旋為丙火生寅旺午墓戌右旋為丁火生酉旺

巳墓丑庚辛申酉乾五龍入首左旋為庚金生巳旺酉。墓丑右旋為辛金生子旺申墓辰壬癸亥子坤艮辰戌丑未十龍入首。左旋為壬水。戊土生申。旺子墓辰右旋為癸水生卯。旺亥墓未巳土生酉旺巳墓丑其訣以入首水出墓庫論之立向宮位當依納水消砂先賢已經詳察明辨後學慎勿任情自誤。

正針紅針對地盤午中正南黑針對地盤子中正北以八干從其祿四維從其墓

地盤正針式

離卦藏
兌卦藏
坎卦藏
震卦藏

子 癸 丑 艮 寅 甲 卯 乙 辰 巽 巳 丙 午 丁 未 坤 申 庚 酉 辛 戌 乾 亥 壬

地盤正針

八卦統八宮一卦管三山唯乾坤艮巽爲四維

第七層陰陽龍出自先天八卦納甲取配
乾納甲兮坤納乙。壬午寅戌離宮納坎癸申辰納水
音此二十陽龍合四陽卦。艮納丙兮巽納辛震東納庚
於亥未西兌納丁。巳丑金以為十二陰龍合四陰卦
此以二十四山陰陽各半。陽龍用白圈陽虛而明也
陰龍用黑点陰實而暗也白圈十二黑点十二。陰陽
已分取用自然以之審龍。凡陰龍轉換節節由陰
龍立陰向收陰水。則吉雜陽則凶陽龍轉換節節由
陽到頭立陽向收陽水則吉雜陰則凶審龍則貴賤
自分陽龍不貴陰龍最貴陰龍取三吉六秀映在天

星四垣之中。有九六冲和之義審龍納水。必以三古六秀盡在陰龍之內震庚亥為三吉艮丙巽辛兌丁為六秀來龍坐穴皆為大貴之地為上諸陽龍為下賴公云又不可執一以論之。只要來龍秀美取其龍真穴的亦出富貴此以靜陰靜陽格龍論二十四龍之大畧取節數之多寡論向消水。水路之去來大小倘執一不通。昧剪裁之妙而大地奇局必當面失之矣而八卦中變爻。亦由此變。如乾為天父卦。即乾三聯從上一變為兌上缺再變兌之中爻為震仰盂三變震之下爻為坤六斷四變坤之中爻為坎中滿五變坎之上爻為巽下斷六變巽之中爻為艮覆碗七變艮之下爻為離中虛八變離之中爻為乾三聯復歸本卦。餘七卦皆如此變其訣從變卦起貪狼乾龍從兌貪震巨坤祿坎文。巽廉艮武離破乾輔坤龍從艮貪巽巨乾祿離文震廉兌武坎破坤輔此以龍上取三吉六秀法也。水法從向上起輔武破廉貪巨祿文若乙向坤輔坎武兌破震廉離貪乾巨巽祿艮文之類輔武貪巨為四吉。避破廉祿文為四凶前以九星言四垣中為天星最貴天貴映丙乙映辛南極映丁。天屛映巳為紫微垣之對宮。稱帝座明堂故亥巳合六秀。稱八貴離居正南為天地之中。離納壬而諸星皆拱護於壬。故近帝垣。亦為至貴震納庚應廉貞昔人謂之奪武之地。合震庚亥為三吉坎納癸居壬北外艮戌丑未。及諸陽龍皆下也。陰龍發福久陽龍發福漸然亦不可拘論若陽龍得局真亦能發福久盛陰有六秀。陽亦有六秀。如乾卦上爻一變為兌坎卦上爻一變為巽離卦上爻一變為震坤卦上爻一變為艮。八卦中除震屬三吉乾坤坎俱是六秀也。八卦。一卦三山以脉為主從變曜對宮番得貪巨武陽卦六秀屬陰陰卦六秀屬陽以陰用陽朝陽用陰應之準言三吉。亥震庚何誠以天星所推。亥應北極紫微垣為一盤生物之主收一盤生物之功。故甲子不始於子。而終於亥。癸亥不終於乾。而終於亥為天帝自至成之具。二十四山之首吉也震為陽君升殿乃日之門户。職主司生易曰帝出乎震擅造化之權實生氣之所從出。故以為吉庚為陰后坐墀乃月之門户。職主司成經曰后庚三月。有配陽君之德實耗氣之所由發。故以為吉震庚二者乃天帝之喉舌代天帝而分司如宰相之出納王命。得此三龍主宰輔元勳之貴其次亦六卿之職言六秀艮丙巽辛兌丁

何為秀者。以龍冲合為美星以得配為佳此六位上
快天星如艮合天市垣丙以太微配之巽得太乙之
位辛以少微配之兑為少微紫府丁以南極配之上
合天星精英誕於天門故得其秀也若得六龍貴氣
形合上格主出三公六卿之貴其次必出超羣冠世
之英。以六位所納。依八卦推分。得陰陽冲合之美夫
婦配合之義如艮巽兑三卦。除中爻為體上下二爻
皆一陽一陰相配之義故所納之干合六秀若乾坤
坎離四卦。除中爻為體上下二爻實孤陽虛陰罔有
配合之義故不在三吉六秀之列而震卦上下皆有

冲和故震庚亥三龍亦為三吉

看地点穴歌

陰陽二字最難明。誰識其中造化精陰乳恰似男子穚陽窩偏如女人形是男陰乳仔傷首是女陽窩莫破咎土宿羅紋衣鎮穴天機到此合乾坤

生氣以龍為主龍以入首一節為領堂氣水為要水以出面應穴為源頭消納公位看左右前后

淨陰淨陽之水破局合局以驗生尅

十上陰陽龍戉

正
地
盤
針

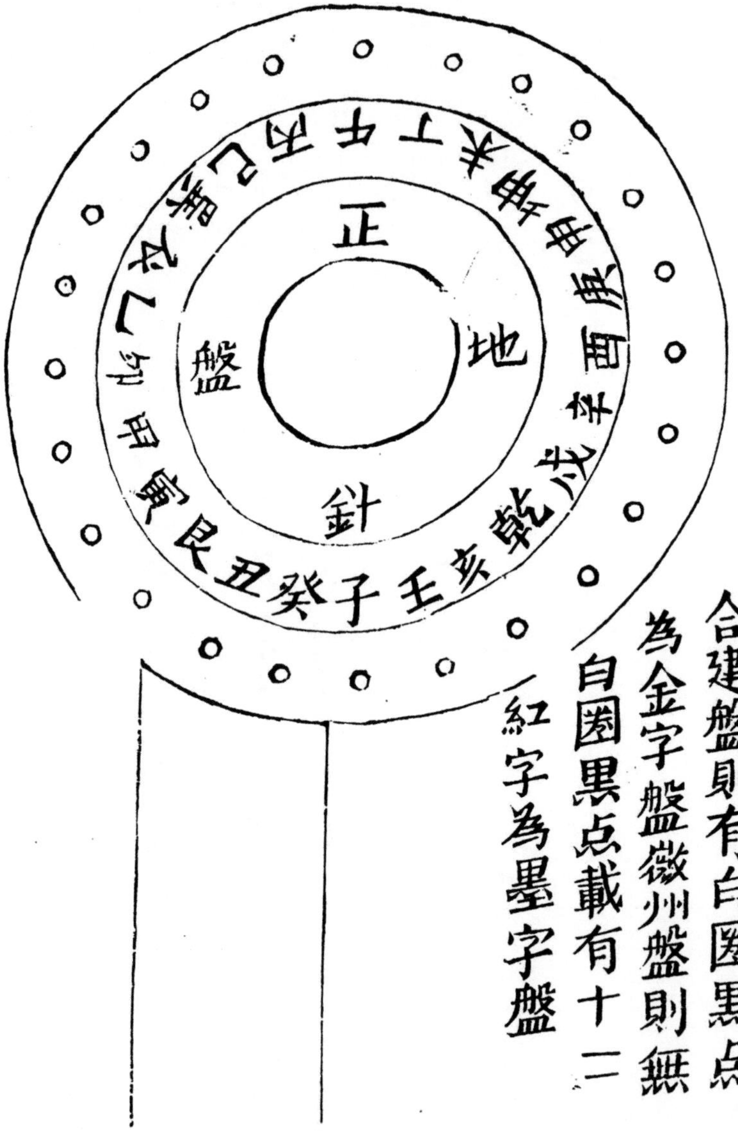

合建盤則有白圈黑点為金字盤徽州盤則無白圈黑点載有十二紅字為墨字盤

第八層正五行論龍所屬

亥壬子癸北方水。寅甲卯乙巽木東。巳丙午丁南方火。申庚酉辛乾西金。辰戌丑未坤艮土。此是五行老祖宗。夫正五行陰陽之綱領造化之權衡。亘古迄今旋乾轉坤之哲士。運籌兩大之英雄。知往知來知機變撥砂放水。辨方立向。未有舍此五行而運用者也。一曰五行二曰五事。三曰八政。四曰五紀。五曰皇極。六曰三德。七曰稽疑。八曰庶徵。九曰五福十曰六極。東木主仁。西金主義北水主智。南火主禮。中土主信。所以二十四山中水火各居其四山。金木各居其五山唯土居其六土鎮中央為尊故萬物土中生而羅經緫統三十餘層不能舍此五行而他用者也又從河圖龍馬献瑞化天干地支之本源也天一生壬水地六癸成之地二生丁火天七丙成之天三生甲木地八乙成之地四生辛金天九庚成之天五生戊土地十己成之此謂十干也一六在下而生亥子水二七在上而生巳午火三八在左而生寅卯木四九在右而生申酉金五十在中而生辰戌丑未土此謂十二支也聖人因八卦以推天時用地支以配天干葢以天一生水而坎者水之位也故子居正北癸得

地穴之陰水柔也癸次於子。水不止。則流而不返必土以止之。方能生物。丑則土之柔也。故丑次於癸。艮為山。土之剛也。艮次於丑。而居東北。坐以代震之施生也。土合而化氣。將以生木。寅為雜木故寅次於艮甲得天之三陽。木之剛也。故甲次於寅震者木之位也。卯居於正東。乙得地八之陰木之柔也。故乙次於卯。木非土無以盛辰者。土之正氣也。故辰次於乙木者。陽之雜也木非旺。則不能往火。故巽為旺木。而次於辰。旺極必資生。所以火生也巳為火之初氣故巳次於巽。丙得天七之火。陽之剛也。故丙次於巳。離者火之位也。午居於正南。丁得地二之陰火之柔也。故丁次於午。火旺必有止。將以生土也。故未次於丁。坤者。土之體。土之正氣也。坤次於未。土旺必生金。申者金之初氣也。故申次於坤。庚得天九之陽。金之剛也。故庚次於申。兌者。金之位也。故酉居正西。辛得地四之陰。金之柔也。故次於酉。金非土。無以成。戌者土之止氣也。故戌次於辛。金者。陰之雜也。金不盛。不能化。故乾爲旺金。而次於戌。極旺而化成。所以生水也。亥爲水之初氣。故亥次於乾。壬得天一之陽水之剛也。故壬次於亥。於是二十四位。有定局矣。余嘗讀易而

知天地之旋轉星次躔度不差此謂乾遇巽而觀月窟坤逢震以見天根此可見陰生於午陽生於子半陰陽得令而四時行百物生朗著矣

且北方之氣剛而有肅殺之象南方之氣柔而有和緩之情故南方之地以高鈄突乳為凴北方之勢以高厚凸阜為準

正五行式

此地理家論山尅七命忌
納音正是
正五行出河圖一六在
下而生亥子水天一
生壬水地六癸成之
天一生坎水地六乾
成之彼此一局餘三
局同推
論入首龍換宮

第九層刼煞取用

巽未申山癸刼藏，辛戌居丑庚馬卿，震艮逢丁甲見丙，壬猴乾兎丙辛方，坎癸逢蛇巳午雞，丁酉逢寅坤亥乙，龍虎遇羊乙猴刼，舉牛龍位永不立

刼煞總以坐山論消納，向山無關，只忌一山，如立巽未申三山，癸方有砂高聳，破碎歪斜，惡石巉岩最凶，宜忌，若體正峯圓亦不忌，餘倣此，願共識之

刼煞盤式

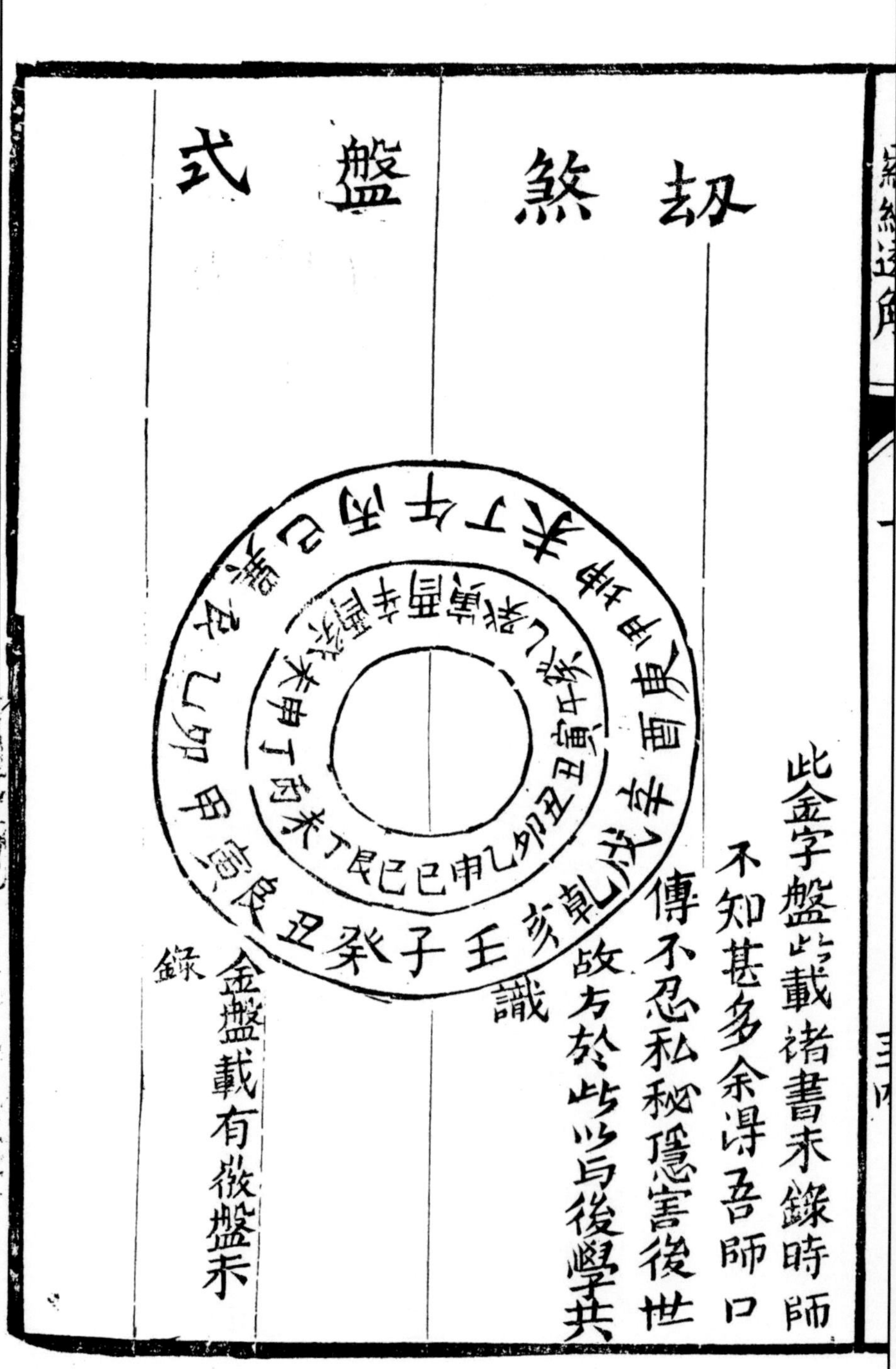

此金字盤此載諸書未錄時師不知甚多余得吾師口傳不忍私秘隱害後世故方於此以與後學共識

金盤載有微盤未錄

第十層穿山七十二龍

昔人用七十二龍穿山六十龍透地。穿山者穿定來龍屬何甲子。名曰地紀。專論来龍。於峽中。定盤針。無峽在入首主星後。來龍起伏束咽处。分水脊上。定針盤。看何龍。用納音以斷生尅。以子龍水。內有五子。得丙子水龍。庚子土龍。俱為旺氣甲子金龍為敗氣戊子火龍為死氣。壬子木龍為生氣之類故必定其來脉。從何方來龍。屬何干支。當以先賢傳授七十二龍有吉凶之別。惣以地盤中。每支之下。有五子龍係六十甲子。為十二地支之數。地盤地支六十甲子。共四維八干十二位。每千維之下。內載十二紅正字。湊成七十二龍。穿山之用也。內避差錯空亡。孤虛龜甲。不得相侵為妙。又必要趨旺相生氣一脉貫注。至結穴処為佳。至於七十二龍。分孤虛煞曜旺相。皆從八卦納甲。九六冲合。八干內而出。若遇甲壬為陽而孤。乃出於乾卦之納甲。以六爻屬陽。除中一爻上下二爻孤陽。為二男子。無女子相配故也。若遇乙癸為虛。出於坤卦納甲。以六爻純陰中虛無陽媾。是二女子。無男子納配故也。若遇丙庚為陽而旺。出於艮震之納甲。二卦六爻。內除中爻。上下一陽爻媾一陰爻為陰陽冲合。而旺也。若遇丁辛為陰而相。出於巽兌之納甲。以二卦六爻。內除中爻。上下坐一陰爻。媾一陽爻。為陰陽冲合。陰而相也。若遇戊巳為龜甲空亡。堅硬而氣不入也。出於坎離之納甲。除中爻為卦體。上下俱純一不交。故為龜甲空亡用之最宜避。甲乙為孤也。如甲子一旬至乙亥。此十二龍中冷氣脉。取丙丁為旺。以丙子一旬至丁亥。此乃十二龍中正氣脉。避戊巳為煞曜。以戊子一旬至巳亥。此乃十二龍中敗氣脉。庚辛為相。以庚子一旬至辛亥。此乃十二龍中相氣脉。壬癸為虛。壬子一旬至癸亥。此乃十二龍中退氣脉此謂旺相者實得先天艮震巽兌四卦居四隅養生之地而成卦則四卦六爻為陰陽冲合多配丙丁庚辛為旺相也若遇先天乾坤坎離居四正虛偽之間則四卦六爻純一不交又配甲乙壬癸戊巳是為孤虛龜甲煞曜謂之九六不冲合必主財人耗散敗絶凡取用宜細詳之至於丙龍來脉必依丙龍氣直穿前對壬午架線上對下結穴処方為準的地安寅龍來脉當依丙子一旬數至寅支係戊寅氣穿山為旺氣又或壬寅龍來脉入首係庚子一旬數至寅支為相氣脉余得吾師心授登山行龍審氣入穴

全凭以七十二龍為主凡驗人已往之禍福將来之吉凶在於主星処一覧毫髮不爽後學欲知此驗務知某龍氣係甲子一旬為孤氣下穴必主敗絶知某龍係丙子一旬是為旺氣下穴必主富貴舉此二句餘旬莫不皆然

七十二龍合六十四卦皆從八卦初爻變起渾天納甲定發福年命從下爻變起由初爻上而二而三而四而五第六爻不變返下而變四爻為遊魂卦又復下將内卦三爻一齊盡變歸還本卦為歸魂卦地理家用之以入首一節龍為本卦看前後左右佳旺之

穿山七十二龍式

砂水定發福年

地盤正針

子　癸　丑　艮　寅　甲　卯　乙　辰　巽　巳　丙　午　丁　未　坤　申　庚　酉　辛　戌　乾　亥　壬

命如坎卦初爻一變飛出為兑逢丁干二爻飛出為震逢庚干皆發福三爻為離逢巳壬干較庚丁力重爲本卦戊癸力均第四爻飛出遊魂坤卦乙干力輕甲辛丙三壬年命不發福以坎卦與乾巽艮三卦謂出卦無官職

要知深義詳看沿辨子著有六十四卦

第十一層穿山本卦合周易為天統

或問内卦本卦外卦三盤卦例亦理氣之一端也以六十甲子透地配坎為水卦一百二十分金甲子配山雷頤卦以穿山七十二龍甲子配水地比卦配卦當以透地為内卦穿山為本卦分金為外卦此三卦一曰連山夏得人統易以艮為首艮為山連連不絕也二曰歸藏殷得地統易以坤為首坤為地言萬物歸藏乎中也三曰周易周得天統易以乾為首言天道變化運行不窮也此二卦至精至微洊時術明師不能究其蘊余得吾師心傳頗知一二願與天下共識

故書於此蓋三易乃六十龍分配取用得宜皆主天地氣運謂之地脉。氣行於地形麗於天。皆以天之生氣皆付卦爻。通乎律呂氣感而應專論選擇。取卦爻渾天補助。來龍坐穴則為萬全皆係天星地曜主之也而地理之學有專用巒頭有專用天星分門別户各自為用殊不知巒頭為體天星為用是體用相為表裏者也天分星宿布列山川氣行於地。形麗於天言地乘天之氣而行也李淳風言天體東南西北。徑三十五萬七千里每一方八萬九千二百五十里自地而上共八萬四千里故曰立向有毫厘之差。必至千里之謬。經曰。地有四勢。氣從八方。四勢者。寅申巳亥也。此為五行初生之地故寅為東方之始。巳為南方之始申為西方之始。亥為北方之始。四生之氣行於地。而運於天在天者論時。在地者論形。即時以觀形。因形以驗氣。故氣有衰旺。時有盈虛。四勢之山。生八方之龍。四勢為五行化生之始。八方為五氣來止之蹤。故理氣穿山必得巒頭。乘其生氣入穴。則福自歸矣。

合穿山卦周易天統成

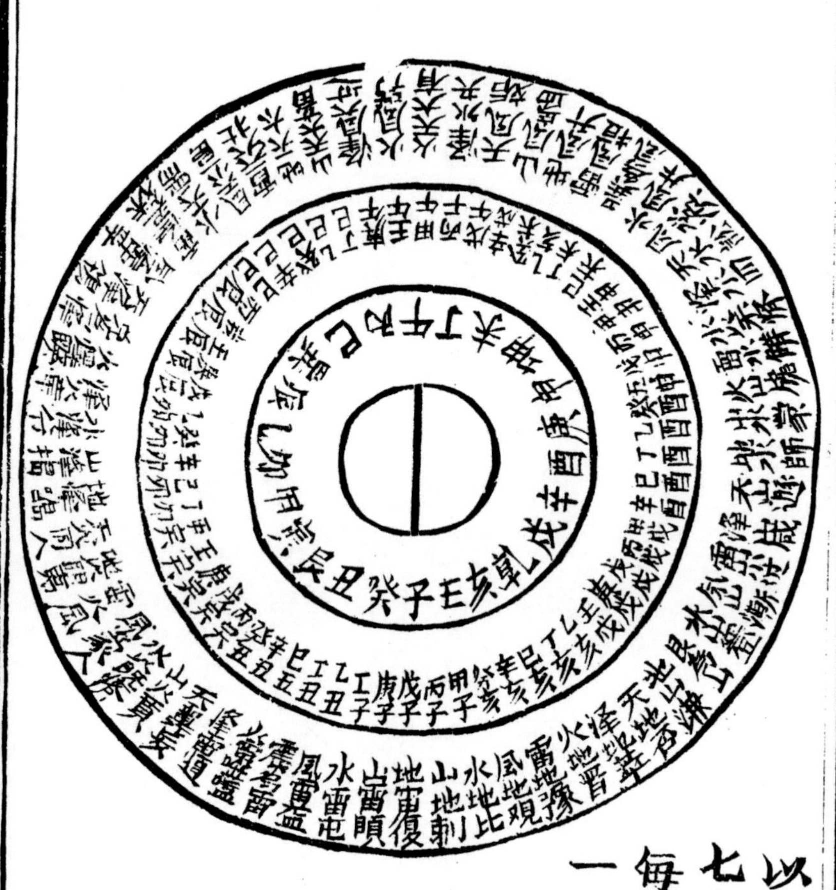

以上六十卦合七十二龍恭合每歲七十二睺一卦管六日

第十二層中針人盤

中針二十四山。即人盤也。較之地盤。少有參差。為天道健地道順。人道平之理。先有天地。後有人。故人盤居天地盤之中。以子午進一位。子午居天盤壬一丙子之縫。故為縫針。子午居地盤之正中。故為正針人盤居子癸午丁之中。故曰中針。昔先聖造此三才。用之廣也。以人盤上關天星纏度氣運進退。下關山川分野地脉藏否。故人盤為天地二盤作用之主宰。即人為萬物之靈。參天地而成三才也。人力勝天故有人盤。而合用天地。是完全之功也。昔太素先師。

審龍以為消砂作用也楊公以之納水正合司馬頭陀水法旋去黃泉謂之出煞名曰貴人祿馬上御街歌曰貴人三合連珠水陽八相生爛了錢其貴貪狼並祿馬三合連珠貫無價辛入乾宮百萬庄癸歸艮位發文章乙向巽流清富貴丁從坤去萬斯箱正合此人盤太素消砂要訣砂雖在地關實在天何以見之聖人云為政以德辟如北辰居其所而衆星拱之辰在斗內斗有九星居中建極以運四方二十八宿周天經星布列於外環拱北辰堪輿之法穴塲者北辰也龍神者九星也砂水者二十八宿也楊筠松則

用九星看龍神賴太素用二十八宿看砂水吵謂在天者正在此耳昔廖公以及楊賴二公撥砂一法歷求秘而不傳務要口傳心授若輕洩必遭天遣故其法至今不敢洩露然聖人云道理不可埋没如其隱秘後世何以得其傳哉夫聖人尤慮失傳而余豈敢再秘哉余是以冒顾遭遣將楊賴二公撥砂之旨註解詳明以為天下後世同學望以救世人耳砂法歌云乾坤艮巽是木鄉此一句言二十八宿屬七政五行也四星屬木乾為奎木狼坤名井木犴艮為斗木獬巽為角木蛟消砂當以木論之也寅申巳亥水神

當宿之言水者言寅名箕水豹申名參水猿巳名軫水蚓亥名壁水㺄消砂當以水論之也甲庚丙壬真是火宿之言火者言甲名尾火虎庚名觜火猴丙名翼火蛇壬名室火猪消砂當以火論之也子午卯酉火依相宿之亦言火者言子為虛日鼠危月燕午光星日馬張月鹿卯為房日兎心月狐酉為昴日雞畢月烏日月何以言火蓋日為君火月為相火子午卯酉居四正之地取日月同宮故漫星配之餘山一宿配之也辰戌丑未金為句言四山皆金辰為亢金龍戌名婁金狗丑名牛金牛未為鬼金羊消砂當以金

論之也乙辛丁癸土相傷言四山皆屬土乙名氐土貉辛名胃土雉丁名柳土獐癸名女土蝠消砂當以主論砂數別來有五種煞洩奴分生帝旺生我食神居丙榜比和入財發科場我尅是財為儲奴尅我七煞最難當洩我文章窮到底女邊功名好又強其法當以坐山為主如坐乾山則屬木若見巽艮坤砂即比肩入財發科場丑未辰戌宮有山是尅我七煞最難當若見甲庚丙壬子午卯酉山即洩我文章窮到底乙辛丁癸山即我尅是財為儲奴寅申巳亥砂即生我食神居丙榜餘山放此學者詳覽明辨登山自

知其妙其訣看左右前後之砂務要面對宮位砂近應生人速砂遠應生人遲張九儀云砂若離穴三面交流年即到産英豪又云第一要識前面砂定人禍福毫不差

此法非余私議另立門戶實出於沿彈子學者詳三卷中分房分宮位吉凶之砂自効如神閱四卷考龍上九星入宮定禍福貧賤之驗閱五卷舊地發福禍砂水公位百無一失閱一二卷中禍水法破局合局避黃泉煞曜自然了然胸中矣

總砂篇

形貌之妍醜必肖山川之美惡故嵩岳生申尼丘字
孔吳景鸞曰福厚之地人多福寿秀穎之地人多輕
清濕下之地人多重濁高元之地人多狂躁散亂之
地人多遊蕩尖惡之地人多殺傷頑硬之地人多執
拗平夷之地人多忠信楊筠松曰山肥人飽山瘦人
饑山清人美山濁人粗山完人喜山破人悲山歸人
聚山走人離山伸人壽山縮人低山明人達山暗人
迷山向人順山背人欺司馬頭陀云以端方而知惎
以傾側而知其佞柔乱知淫卑劣知賊粗猛知惡瘦
薄知貧粹美知慈威武知斷分窮源大江而知出身

之遠近觀外城內局知力量之弘隘況其出脈有偏正卓展有大小所謂砂管人丁人丁相平其砂者正人盤收砂之謂耳且砂不抬頭砂無力水不彎環水無情外砂不及內砂力外水不及內水親

賴公撓砂歌

消砂別來有五種奴旺煞兮洩后生彼來尅我爲吉煞我生彼也是洩名旺神即是我見我彼來生我號食神食發科甲人丁誕旺司財祿多子孫生不正向只及旺兩旺高明過一生煞見則禍絕洩氣漸消伶我尅奴砂爲財帛居官得祿又和平大地由來多帶

煞丙間公位從不匃。龍氣盛旺煞無力閃脉脫脉煞最靈龍弱砂強洩旺秀女嫁豪門坦腹英為生為旺貴在內旺秀兼洩在外門此為賴公真口訣惟有挨星法最靈

消砂玄妙

乾坤艮巽是木鄉　寅申巳亥水神當

甲庚丙壬真是火　子午卯酉火依廂

辰戌丑未金為局　乙辛丁癸土相傷

生我食神居丙榜　此和人財發科場

我尅是財為儲奴　尅我七煞最難當

洩我文章窮到底　文邊功名好又強

備言天體則有七政以司气化日月五星是也有四垣以鎮四方紫微天市太微少微是也有二十八宿以分布周天蒼龍七宿角亢氐房心尾箕朱雀七宿井鬼柳星張翼軫白虎七宿奎婁胃昴畢觜參玄武七宿斗牛女虛危室壁是也四垣即四象七政即陰陽消砂五行之根其樞在北斗而分四方為二十八宿故房虛昴星應日心危畢張應月角斗奎井應歲星尾室觜翼應熒惑亢牛婁鬼應太白箕壁參軫應辰星氐柳女胃應鎮星象懸於

天光照於地吐出砂雖在地關實在天非經無以立
極非緯無以壇化一經一緯真陰真陽之交道也

分房宮位

一子滿盤皆他管。二子左边長房臨前後右邉皆是小。此処偏枯已不匀。三子分公位朝坐二房輪六子排来三六右四在孟前次第分二房朝前案五子主星平。此從房分挨次立變換詳砂難泥論

六子宮位是青龍從後過去則長房之砂從案山過来則四房之砂白虎從後過去則三房之砂從案山過來則六房之砂總看砂勢覩何宮位即吊

入也如此值宫位無砂即絶如子山午向艮寅甲為
内青龍長管卯乙辰為外青龍四管乾戊辛為内白
虎三管酉庚申為外白虎六管
左空今長先絶右空今三零丁朝坐空曠二五難與
一主一案三長飄零又有青龍平而直朝山挨方最
娉婷長房寂寂漸消磨四子蒸蒸萬里程如龍全没
朝偏左吊入長房作龍星朝山空遠龍趋案次子亦
吊作朝屏三男與仲相吊法吉凶禍福依此行此為
賴公真秘訣父子雖親不肯說後人如得消砂法横
行天下陸地仙

中針人盤式

正合日月五星調〻七政左
砂屬一四七房前砂屬二
五八房右屬三六九
旁一子滿盤皆他
曾
二十八宿從右旋
逆行而轉合統天
曆

第十三層透地六十龍

蓋平分六十龍透地。名曰天紀起甲子。於正針亥末屬乾宿後天之乾即係先天之艮艮為山。此故亦謂之穿山也。平分六十龍起甲子正針之壬初屬坎後天之坎即係先天之坤坤為地。此乃謂之透地不言穿而言透者以透乃通透之透如管吹灰氣由竅出此可得透之說。不言山而言地者謂五氣行乎。地中發生萬物地有吉氣土隨而起可見形之見於地上皆由五行之氣透於地中。氣雄則地隨之而高聳氣弱則地隨之而平伏氣清則地隨之而秀美氣濁則地隨之而凶惡此可以得地之說也不言虎而言龍者葢龍有氣無形變化莫測無非論龍透於穴中變化無端可以識六十龍透地之妙得而名之也而作用之功葢乘生氣必先定其來龍其法於來脉入首穴星後分水脊上定盤針峽上定來脉入首如六十龍辛亥納音屬金從右來以左耳乘氣則穴宜坐乾向巽干透得丁亥氣屬土正乾龍坐穴土生辛亥金是穴生來龍其家發福透得乙亥七亥三乾火音坐穴尅辛亥金是來龍穴尅山其家少祿透得巳亥氣五乾五亥是煞曜名曰火坑主子孫多出癆瘵吐血

損妻剋子水蟻食棺之驗先聖云二十四山顛顛倒二十四山有珠寶二十四山順逆行二十四山有火坑且言到頭差一指如隔萬重山可見穿山透地各自為用七十二龍只論來龍定山崗則在分水脊上定盤針穴後八尺巒頭用六十龍透地盤穿山則不必用矣六十龍番氣入穴一龍有五子氣當尋旺氣丙子庚子二旬之龍則有二十四位珠寶為全吉又要避孤虛煞曜差錯空亡如甲子壬子及戊子三旬中之龍三十六穴為差錯關煞為全凶又要渾天度不可剋分金分金不可剋坐穴坐穴不可剋透地透地

不可尅來龍尅宜順尅形上尅下吉生宜逆生以下生上吉。可見透地作用最宜細心慎勿輕忽。
經盤內載有正字二十四位合二十四山正氣脈入首為珠寶。載有十二個五字為火坑二十四位三七龍為差錯空亡。 世人盡知穴在山不知方寸穴一線

驗新舊坟斷

一個山頭葬十坟　一坟富貴九坟貧
同山同向同朝水　更有同堆共井塋
一邊光榮生富貴　一棺泥水絕人丁

穴坐火坑招泥水　金牛坐穴起紫藤
時師若能知此理　打破陰陽玄妙精

精微玄機

八尺巒頭要識真　中間脊水兩邊分
看他生氣歸何處　十字當中正立身
更觀兩邊無強弱　定心方可下羅針
珠寶火坑安排定　富貴貧賤驗如神
二十四山顛顛倒　二十四山有珠寶
有人坐了此一穴　榮華富貴此中討
二十四山倒便顛　二十四山有火坑

有人坐了此一穴　家業退敗絕人丁
只因不識巒頭氣　火坑將來作珠寶
有人知道其中妙　能救世間貧窮人
立在巒頭尋正氣　金牛坐穴起紫藤

楊公五氣論

甲子一旬至乙亥　此乃楊公冷氣脉為孤
丙子一旬至丁亥　此乃楊公正氣脉為旺
戊子一旬至己亥　此乃楊公敗氣脉為煞
庚子一旬至辛亥　此乃楊公旺氣脉為相
壬子一旬至癸亥　此乃楊公退氣脉為虛

六十龍透地即五子氣吉凶秘訣

甲子氣七壬三亥爲小錯甲子冲棺出黄腫瘋跛羅癩亥亞男痨若見丙上水棺内有泥漿口舌官非已酉丑年應

丙子氣正壬龍大吉昌添人進口置田莊富貴雙全定有應諸事尤吉祥若見未坤水棺槨内外是小塘申子辰巳酉丑年應

戊子氣五子五壬是火坑出人風流敗人倫不唯本根穿棺内白蟻依此生若見巽方水共内泥水二三分寅午戌申子辰年應

庚子氣正子龍富貴凄至福攸隆人財六畜盛申子
辰年豐若見巽方水棺內泥難容
壬子氣七子三癸是爭又出人少亡招賊侵損妻尅
子多禍事申子辰年應又見庚辛水棺內作船撐
乙丑氣七癸三子旺人丁食足衣豐富貴享倘見午
丁水棺內濫泥丑寸深巳酉丑年應
丁丑氣正癸龍出人聰明又伶俐富貴攸長久諸事
樂時雍若見未方水棺內若塘中申子辰年應
己丑氣五丑五癸是黑風女妖男瘵百事凶瘋疾最
可惨敗絶實可痛又見亥方水井有水蟻虫寅午戌

年應水囙火坑中

辛丑氣正丑龍三十富貴大興隆人丁大旺諸事吉慈恭孝友邁凡庸若見寅上水棺入泥漿中

癸丑氣七丑三艮犯孤虛塟後官災實可必諸事不稱意衆房皆不遂口舌退財多敗絶亥卯未年期又見乾方水木根穿棺定不疑

丙寅氣七艮三丑穴平常縱然發福不久長寅午戌年應諸事皆吉祥若見亥方水棺爛入泥漿

戊寅氣正艮龍富貴榮華世代隆申子辰年登科應只怕卯水冲棺定有凶

庚寅氣五艮五寅是孤虛火坑黑風空亡的墓後三六九年瘋疾見人倫敗絶最堪啼又見申方水井内有水泥

壬寅氣正寅龍富貴人財豐田業廣置多福澤巳酉丑年逢倘見午方水棺在水泥中

甲寅氣七寅三甲主平穩一代興發好後世多眼病若見坤方水棺中白蟻窠

丁卯氣七甲三寅人平常消色飄流懶惰揚寅午戌年應方忌亥水多泥漿

己卯氣正甲龍人財兩發衣食豐若見巽方水老鼠

穿棺中。申子辰年應。不爽。人子哀親莫糊朐。

辛卯氣。五辛五卯是黑風。火坑敗絕出盜翁。三房先絕後及衆。官災疊見事多凶。若見庚申水來現。濫泥一尺入棺中。此坟若還不改移。人財兩敗永無踪。

癸卯氣。正卯龍。富貴雙全出人聰。田庄廣進多美境人安物阜百事通。若見巳方水。木根穿棺定不容。巳酉丑年應

乙卯氣。三乙七卯。孤寡敗絕多壽夭。後代腰駝並曲脚。縱然有人亦難保。又見戊方水。井內泥水養魚好

戊辰氣。七乙三卯。富貴壽長把名標。倘見申酉水。棺

内有蟻虫巳酉丑年應

庚艮氣正乙龍出人發福永不窮。七代富貴出人秀超羣冠世雄。亥卯未年見。只怕丁水圭火凶

壬艮氣亞。艮五乙是黑風。火坑敗絕最足痛口舌官非少亡慘離鄉。和尚永别踪。若見戌方水。棺内泥若濃。

甲艮氣正。艮龍。七十五年富貴豐若見子癸水。井内泥水坎。

丙艮氣。乜艮三巽圭。外發福衣食平穩。招贅入房後代人敗絕。申子辰年應若見寅甲水。木根穿棺。亡人

不安

巳巳氣。七巽三艮。富貴均平。亥卯未年應若見乾上水髡骨入泥坑

癸巳氣五巳五巽是黑風。犬坑敗絕百事凶。墓後五年並七載。人丁六畜散若風。又見丑方水。老鼠棺內作窠攻。

乙巳氣。正巳龍榮華富貴福最隆。寅午戌年應有驗癸水來冲棺泥封

丁巳氣。七巳三丙三年七載口舌並若見卯水來棺木內外水泥浸

辛巳氣正巽龍富貴發科定光宗巳酉丑年應不爽只怕午丁水來冲
庚午氣七丙三巳八興財旺有其目世代進田多壽
慶申子辰寅午戌年俟忌見甲寅水泥水損丁字
壬午氣正丙龍富貴雙全出英雄三十七代人丁旺
景星慶雲授誥封忌見申方水井內泥漿凶
甲午氣五丙五午是火坑巳酉丑年家敗傾又見午
丁水棺木底爛崩
丙午氣正午龍家業平平發人聰謀事穩妥諸班吉
申子辰年巳丑逢若見丑艮水泥水入棺中
戊午氣七午三丁官訟口舌紛人丁平常過歲招横

事臨若見子癸水寅午戌年應
辛未氣七丁三午出人俊秀性不魯戶發如雷緺粟
陳貫朽庫若見卯方水棺内木穿出
癸未氣正丁龍出人富貴壽不窮若見庚方水亡人
災厄凶亥卯未年應
乙未氣五丁五未犯孤虛火坑敗絕最堪啼又見巳
水來屍骨巳戌泥巳酉丑年應
丁未氣正未龍獲全富貴長久逢申子辰年應不爽
寅午戌歲定遭凶倘見丑艮水棺在水泥中
己未氣七未三均犯孤虛殃禍退財定不移寅午戌

年出瘋二巳忍人見疑若見亥壬水兒孫橫事必

壬申氣七坤三未破家財瘋延消索實可哀巳酉丑

年應諸藥難調災若見午方水棺內水洋來

甲申氣正坤龍出人聰俊富貴豐申子辰年必有兆

世代樂無窮若見艮流水棺內兩分凶

丙申氣五申五坤是黑風火坑敗絕主貧窮若見子

癸水井內泥水凶

戊申氣正申龍出人聰明壽長富貴雙全若見甲方

水棺內有泥水

庚申氣七申三庚犯孤虛寡災事出奇又見乾方水

七人受災遁

癸酉氣七庚三中富貴揚人財兩發福壽長若見丁

方水棺内是小塘

丁酉氣五庚五酉是火坑百事不遂絕人丁若見癸

土水棺内泥水永

乙酉氣正庚龍出人富貴最聰明若見艮宮水棺内

水泥坑

巳酉氣正酉龍文武近三公申子辰年應世代富貴

豐若見卯方水棺板不全完

辛酉氣七酉三辛富貴悠久丁血財旺無憂亥卯未

年應乾水冲棺又堪愁

甲戌氣七辛三酉。一代富厚發不火后出僧每道寅午戌年有孤寡又敗絶。諸事叠見憂若見壬方水墓生奇怪醜。

丙戌氣正辛龍。丁發達樂時𤼵登科及第早申子辰年逢若見甲卯水。木根穿棺中。

戊戌氣。五戌五辛犯孤虛。火坑敗絶人多疾。和尚少亡孫寡𢡖損妻尅子定無疑。午未年前見方知受害奇若見申方水。棺木不全的。

庚戌氣正戌龍富貴榮華衣食豐巳酉丑年多見喜

三十六年出入聰若見午丁水棺骨入泥中

壬戌氣七戌並三乾出人無財損少年離鄉僧與道損妻尅子二房佔申子辰年應敗退無其筭若見辰戌水棺内泥水灌

乙亥氣乙乾並三戌出人孀寡少亡孫瘋疾瘖啞實足慘寅午戌年疊見哭倘見坟宮水棺内白蟻星

丁亥氣正乾龍富貴大發衣食豐申子辰年多吉慶只怕巽水冲棺水泥凶

辛亥氣正亥龍財丙發福悠隆若見午丁水棺板不全凶

巳亥氣壽乾丞五亥黑風火坑主絕敗。甲子辰年寅
午戌人走他鄉多苛怪若見庚酉水。木根穿棺害
癸亥氣七亥孟三壬丙官享豐亨。人丁昌熾多美境
申子辰年應又見辰方水棺內不潔爭。

二十四山火坑神斷

戊子甲午氣難當　陰差陽錯是空亡
怨聽師人真口訣　立宅安坟見損傷
申子辰年寅午戌　疾病官災損二房
軍賊牽連房房佔　泥水入墓不非常
巳丑乙未氣凶強　其中大坑最不良

巳酉丑年亥卯未　疾病官災退田生
白蟻先從底下入　損妻尅子在三房
此坟若還不改移　兒孫恰似瓦上霜
庚寅丙申氣不足　立宅安坟損長房
申子辰年寅午戌　損妻尅子最難當
疾病官災房房佔　水火牵連損幼房
白蟻先從底下入　田地退敗守空房
辛卯丁酉不為強　立宅安坟損二房
亥卯未年巳酉丑　疾病官災損三房
水火牵連多横事　因親連果房房當

壬艮癸巳氣如鎗　立宅安坟　損三房

申子辰年寅午戌　疾病官災　損小房

後代兒孫多僧道　損妻尅子不安康

戊戌巳亥是空亡　立宅安坟　損長房

巳酉丑年亥卯未　疾病官災　損小房

水火牽連出外死　田地人財如雪霜

白蟻先從床下入　兒孫忤逆走他鄉

先聖云坐下無有真氣脉前面空叉疊萬重山坐下十分龍縱少前砂亦富貴正此耳

夫丙子庚子者二旬為珠寶謂之𡋯乘生氣得山川之靈蓋羅經三十六層之首吉也

透地六十龍式

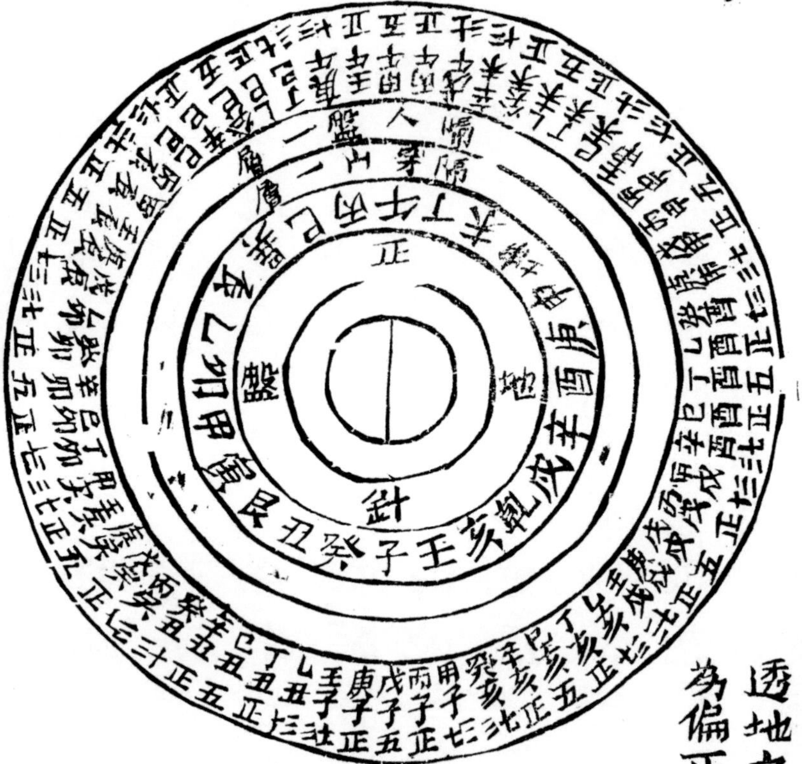

透地之下載有三七正五名
為偏正一盤歌列十四層
夫火坑穴必有火蟻
木根穿棺纏尸塚土
枯乾草色如牛糞樣
主淫乱少亡孤寡見
孫忤逆顛狂刑害瘟
火人財耗散官訟不
絕誅宦穴開見必有
生氣紅黃光潤五色
羅紋又有紫藤繞棺
塚上草氣茂盛

第十四層透地奇門子父財官祿馬貴人

先　穿山虎方行透地龍渾天開寶照金水日月逢穿一虎者。七十二龍接脉。先識者須先察其來脉是何龍入首。不言龍而言虎者其法用五虎原遁之義以應氣候也。方行者。既識入首之龍然後可坐穴乘氣透地者即坐穴六十龍也與七十二龍為表裏。透者如管吹灰貫氣入穴穿者如線穿針串其砂來也渾天者。乃渾天甲。以起遁而尋四吉三奇之砂水也寶照如明鏡照物。可見渾天轉而四吉之星儘見金水日月。四禽星相會合一处。取收本山來龍坐穴砂水作用共合經盤五層為例先從六甲之節定上中下三候既分用遁甲九宮起甲子於何宮後遁卦例識符頭之所在本龍之所泊子父財官因此而推日月金水從此而會三奇八門依此而遁則星度內卦之事畢矣

陽遁起節歌

冬至驚蟄一七四　小寒二八五為從

大寒春分三九六　立春八五二相逐

清明立夏四一七　雨水九六三無失

小滿谷雨五二八　芒種六三九數之

陰遁起節歌

夏至白露九三六　大雪四七一宮住
大暑秋分七一四　小暑八二五中推
立冬寒露六三九　立秋二五八宮叅
小寒霜降五八二　處暑一四七內遊

奇門遁甲式

卍　卐

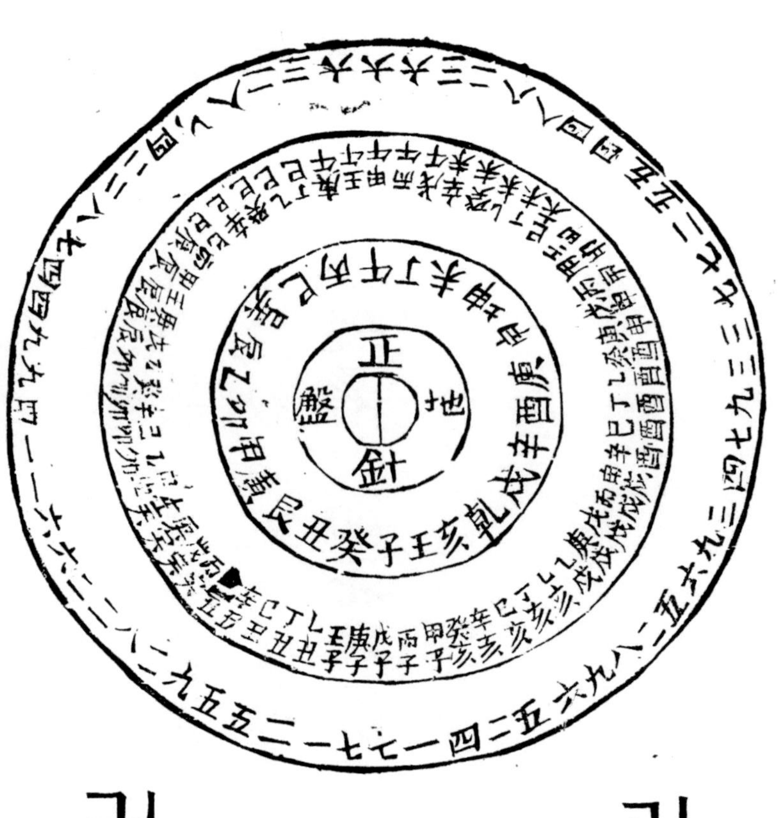

卍　卍

第十五會透地卦配六十龍

其法以二十四向分配六十龍每一向管二龍半二十四山共六十龍除震兌坎離四卦為體名曰四正皆管八龍乾坤艮巽名曰四隅皆管七龍自甲子至丙戊庚壬五子乙丁巳三丑八龍皆屬坎辛癸二丑丙戊庚甲五寅七龍皆屬艮丁巳辛癸乙五卯戊庚壬三辰八龍皆屬震甲丙二辰巳辛癸乙丁五巳七龍皆屬巽庚壬甲丙戊五午辛癸乙三未八龍皆屬離丁巳二未壬甲丙戊庚五申七龍皆屬坤癸乙丁巳辛五酉甲丙戊三戌八龍皆屬兌庚壬戊乙丁巳

辛癸五亥七龍皆屬乾以六龍分配於二十四氣自甲子丙子戊子為大雪庚子壬子為冬至乙丑丁丑己丑為小寒而艮宮之辛丑癸丑為大寒丙寅戊寅庚寅為立春壬寅甲寅為雨水前節氣管三卦中節氣管二卦後六宮之卦皆以上六十龍各有分屬八卦以管定位如在管之卦為內卦凡遁來之卦為外卦合成二卦辟如甲子至己丑八龍屬坎此八龍內外皆坐定坎宮外遁加來者為外卦共成一卦先排六十甲子卦例後知子父財官渾天甲子起例六十龍配卦例圖列后

凡登山閱地則有六十龍透地余只錄二十四位為旺相珠寶穴避去三十六龍為孤虛煞曜學者照余二十四位珠寶穴圖五親四吉砂水以驗發福榮地無有不應

凡取二十四位透地珠寶穴穴中裝卦例以三奇八門子父財官貴人祿馬四吉五親諸峰秀美週圍相應遠發富貴或六爻諸峰有不全者當造塔閣亭臺培築土墩竹樹以補完造化必發福久遠

透地卦式

此盤合天元連山卦而出透地為內卦一曰連山夏得人統易以艮為首艮為山連連不絕也

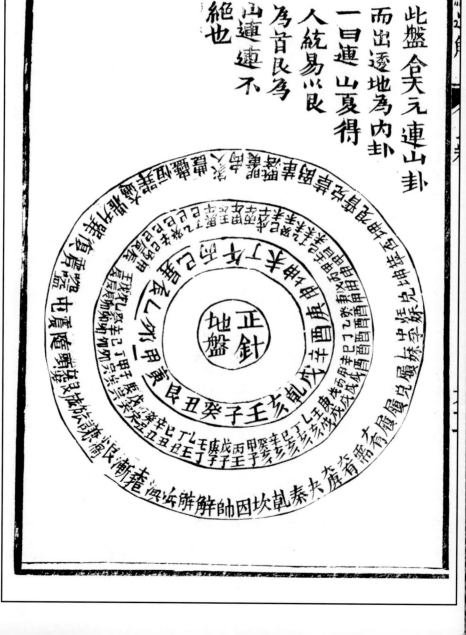

第十六層六十龍配宿以應四吉砂水

二十八宿分布於六十龍之中從甲子起角木蛟順行乙丑亢金龍丙寅氐土貉週而復始仍從角起輪布二週各禽只管二龍唯角亢氐房四宿各得其三龍以足六十數以備查起卦持世之宿推四吉之用又一用法如六十龍甲子納音金龍係角木蛟管局乃木受金龍此尅禽星受制且分金坐穴不宜坐金度則木禽受尅太過大為不吉又如丙午水龍係奎木狼管局禽星得水龍此生最為上吉更得分金坐度相宜尤妙餘可類推

二十八宿分配六甲挨訣並附於左

甲子角兮乙丑亢丙寅丁卯氐房當次第排來至甲戌虛宿管局不須裝參歸甲申氐歸午甲辰室火為定矩甲寅管局是鬼禽每旬十宿排去輪按本篇盤星所載之例假如甲子龍穿得角木蛟管山甲子是金龍角乃木宿為金龍尅木更加渾天金度行龍禽星受尅縱龍穴砂水緊密只可漸發終必敗絕多出瘋瘵軍賊路死又如丙子水龍穿得奎木狼管山為水生木再得龍穴砂水全美立向合法必主富貴無殭禽爲星若受吞陷亦不吉如天台縣賈丞相諱似道

祖地作酉山卯向是巳酉龍歸妹卦三爻丁丑壁宿持世七元畢宿管局巳酉又屬丁酉穿得尾宿管山能食持世宿合從本山逐年順行至丁酉六旬而凶禍立見故其記云金星壁水貐星現最喜金烏升寶殿正面諸侯半面君癸酉生人受恩眷六十年後急宜打尾火虎星果出現馬頭火焰種天紅破了金烏傷寶殿地形天象殺氣同到此令人無眼見天機秘密不容緘地記留為千古驗此蓋爾頭方位受尅而持世之宿又受吞陷也凡禽在十二支中升殿入垣大吉穴宿 又宜用流水宿相生比 和為

其法二十八宿藏於透地龍之下地盤作用取四吉砂水禽星持世爲透地龍納音相爲表裏以及渾天度相尅爲官煞學者宜細心明辨

四吉星乃金水日月四宿會合一處故名渾天開寶照金水日月逢

補遁四吉禽宮要訣

欲知四吉會何局虛二鬼四尋箕六畢在本宮氐在三奎五翌七相繼續識得陰陽順逆尋我今立法堪傳述

陽遁進前順位　陰遁退宮逆位

補持世爻七曜起宿遁四吉訣

七曜角星會者稀日虛月鬼火從箕水畢太氐金奎位四土還從翌宿推

六甲管宿詩

甲子角兮甲戌虛甲申申參位午逢氐甲辰遇室寅逢鬼此是六甲起宿詩

補二十四位珠寶穴管局宿

内子室丁丑壁戊寅奎己卯婁庚辰胃辛巳昴壬午畢癸未觜甲申參乙酉井丙戌鬼丁亥柳庚子牛辛丑女壬寅虛癸卯危甲辰室乙巳壁丙午奎丁未婁戊申胃己酉昴庚戌畢辛亥觜

二十八宿四吉寶照式

第十七層定四吉三奇八門九星子父財官兄弟祿馬貴人到方定局

蓋盈縮六十龍透地名曰天紀又名透地光謂之葬乘生氣趨吉入穴先聖云山川有靈而無主骨有主而無靈人死有何靈不過借山川之靈氣真龍結穴媾精一席之地溫煖枯骨蔭佑子孫如十二天干來龍逢中一穴為珠寶挾左右二棺為孤虛煞曜空亡隅左右火坑一穴有二棺吉穴共有三棺發福之地如十二地支龍入首一龍有二棺珠寶五子氣十二支中共有六十花甲合前十二天干則為七十二

龍穿山入首处巒頭裏氣結穴 之地下羅經穿山則不必用當用透地六十龍以穴後八尺透氣入棺凡屬地支龍逢中一棺即是穴坑切不宜葬透左右二棺即是珠寶學者登山觀驗古今舊地自見乘氣之法吉凶之別可奪神功后列二十四位珠寶透地能奇門子父財官貴人禄馬五親砂水圖列於後

釋子父財官兄弟所謂五親是也

夫透地奇門六甲分為陰陽二遁。一陽生於甲子為陽遁順起六儀逆佈三奇。一陰生於甲午為陰遁。逆起六儀順佈三奇。所切者收四吉之山。踈三奇之水。坐祿馬貴人之方。忌五行關煞之鄉。避陰陽差錯之位。天星衰暗伏之所。收八干清奇之度。以此量砂步水。毫髮無差。其收山定穴之法須以渾天甲子為主蓋六十龍之中。十二支神各占五位。分甲子五行星度。佈而乘之。透地六十龍坐穴為內卦。由渾天甲子以推山水吉凶為緊切取貴人祿馬。或三奇乙丙丁。四吉金水日月。五親砂水。子父才官兄弟。以坐穴合得八方之山。金水日月。或得之照向。或三奇秀拔有力之山。或子父才官兄弟方峰高圓秀有力。或貴人祿馬拱扶。合此為上地。定出公侯卿相。忠貞仁厚之才。若合得三奇四吉。必生經魁豪傑之士此法今人皆所不知也。

先聖造此奇門卦例宿度則出乎自然而用之。後世學者。多則未知也。令以錄出四層。以免失傳。用不用自在人心

丙子正壬龍大雪下局起甲子係甲戌爲符頭在九宮逆遁卦得澤水困屬金初爻奎木狼持世

上六	九五	九四	六三	九二	初六
、	、	應、	八	、	世八
丁未	丁酉	丁亥	戊午	戊辰	戊寅
父母	貴人兄弟	貴人子孫	官星	父母	驛馬才星

戊辰父母在六乾戊寅才馬在中宮寄艮戊午官星遁一坎丁亥子孫貴人在中宮寄艮丁酉弟兄貴人在四巽丁未父母在震休門在震衝星一坎丁奇到巽丙奇到震乙奇到坤　四吉在艮室火猪營局

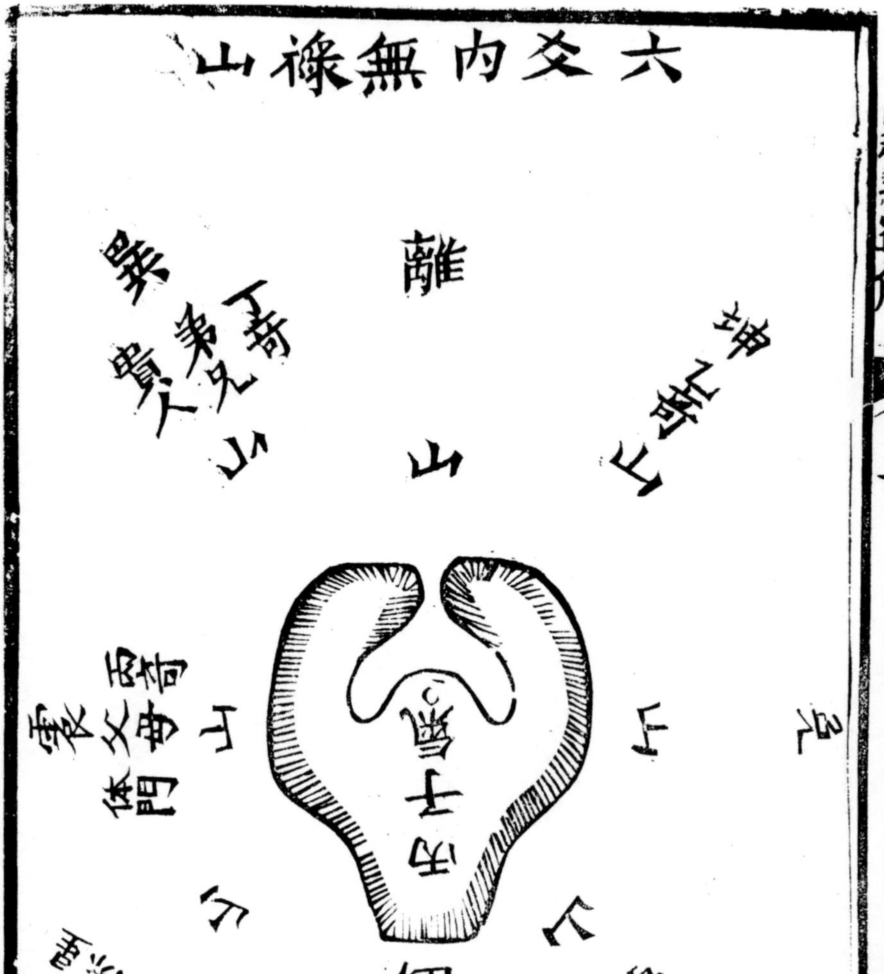

六爻内無祿山

離

山

巽

丁奇

兄弟

貴人

山

坤

乙奇

山

兑

山

丙子氣

震

丙奇

父母

休門

山

乾

父母

山

坎

天官星衛

山

艮

吉

貴人

驛馬

十干祿星

山

庚子氣正子龍冬至七宮起甲子一宮甲午爲符頭

卦得雷水解震卦屬木二爻心月狐持世

上六	六五	九四	六三	九二	初六
八	八應	、	八	、世	八
庚戌	庚申	庚午	戊午	戊辰	戊寅
才星	祿官星	子孫	子孫	才星	弟兄驛馬

遁得戊寅弟兄在震戊辰才星在坤戊午子孫在兑庚午子孫在巽庚申官星在離眞祿在離驛馬在三震貴人無庚戌財星在艮四吉星在坎休門在兑英星在坎丁奇四巽丙奇中宮乙奇乾係牛金牛宮局

六爻内無貴人父母二山

離官星山

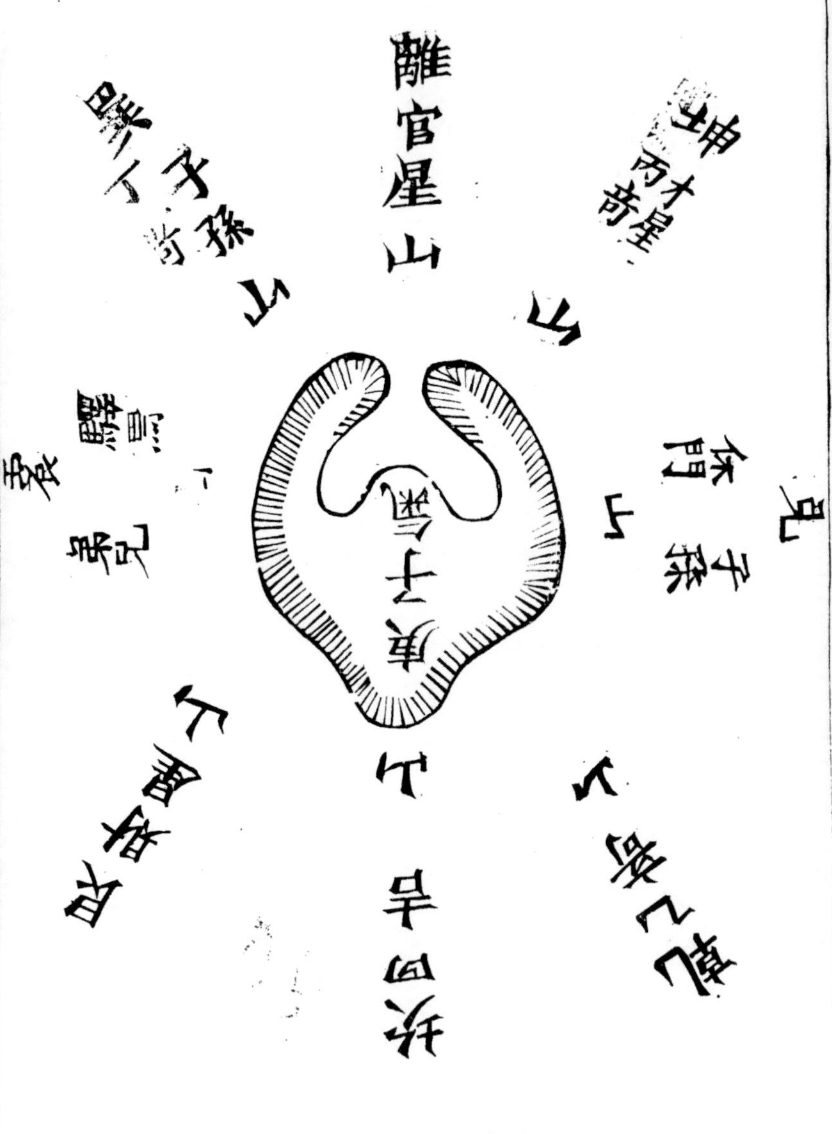

丁丑氣正癸能小寒下局卦得風水渙五宮起甲子甲戌爲符頭乾宮順遁屬火五爻昴日雞持世

上九	九五	六四	六三	九二	初六
	、世	八	八	、應	八
辛卯	辛巳	辛未	戊午	戊辰	戊寅
父母	兄弟	子孫	兄弟	子孫	父母

遁得戊寅父母一坎戊辰子孫九離戊午兄弟在坤辛未子孫三震辛巳兄弟四巽辛卯父母在坤宮四吉六乾真禄在五中宮寄坤丁奇二坤丙奇三震乙奇在巽財官馬貴山俱無係壁水偷晉局

八卦無財官貴馬山

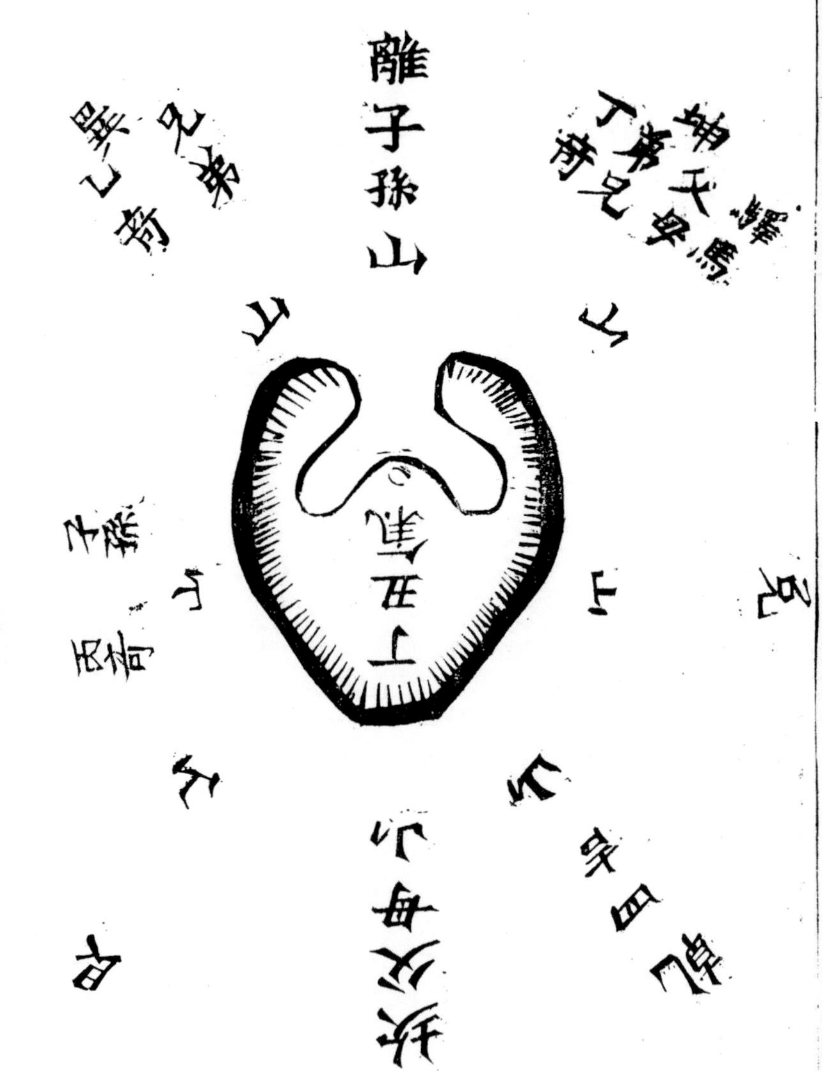

離子孫山

坤天馬

丁弟兄奇

驛馬

巽兄弟

乙奇

山

山

丁丑氣

兌

山

子孫

山

丙奇

艮

坎父母山

乾甲官

山

山

辛丑氣正丑龍大寒中局九宮起甲子係甲午爲符
頭三震順遁卦得風山漸屬土三爻心月狐持世
上九　九五　六四　九三　六二　初六
、卩　、　八　、世　八　八
辛卯　辛巳　辛未　丙申　丙午　丙辰
官星　父母　弟兄　子孫　父母　弟兄
道得丙艮弟兄在兌丙午父母在乾丙申子孫在中
宮寄坤辛未兄弟在兌辛巳父母在艮辛卯官星在
離乙奇在艮丙奇在兌丁奇在乾貴人在乾祿馬山
無休門在離蓬星在坎　四吉在震令土堛會局

六爻無祿馬山

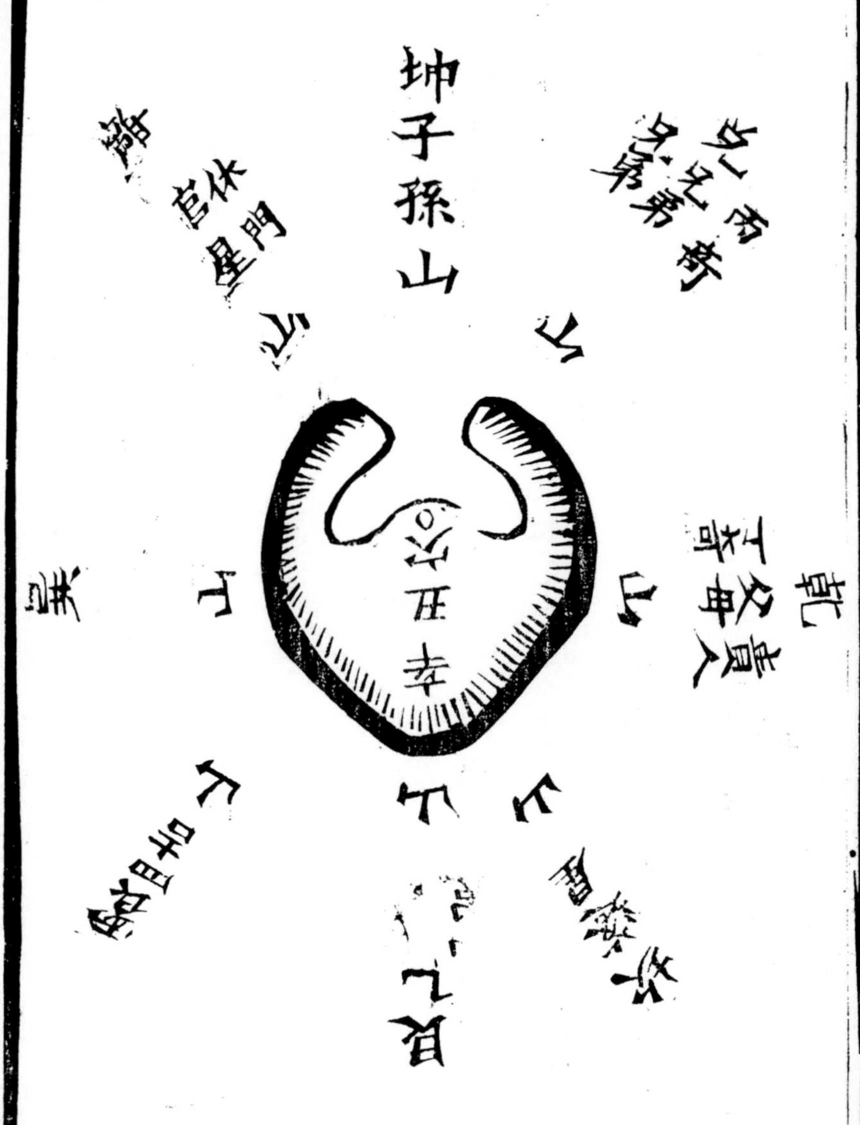

坤子孫山

戊寅氣正艮龍立春下局二坤起甲子甲戌爲符頭
三爻順遁得地山謙卦屬金五爻房日兎持世

上六	六五	六四	九三	六二	初六
八	八世	八	·	八應	八
癸酉	癸亥	癸丑	丙申	丙午	丙辰
弟兄	子孫	父母	弟兄	官星	父母

遁得丙辰父母在離丙午官星在艮丙申弟兄在兑
癸丑父母在乾癸亥子孫在兑癸酉弟兄在坤丁奇
在艮丙奇在離乙奇在坎驛馬在兑四吉在坤貴人
在乾休門在離芮星在坎財禄俱無奎木狼管局

六爻無財祿山

兌
兄弟
子孫
兄
驛馬
丁

坤
兄弟
四吉
山

離
父母
丙
商
休門

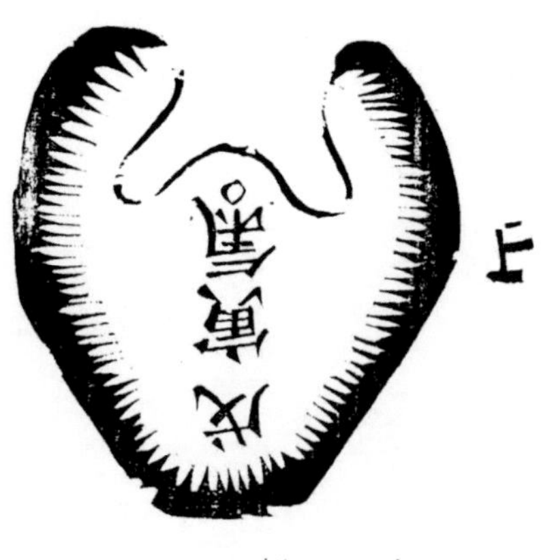

壬寅氣正寅龍兩水中局軌宮起甲子甲午為符頭

離宮順遁行得火山旅卦屬火初爻星日馬持世

上九　六五　九四　九三　六二　初六

丶　八　丶應　丶　八　八世

己巳　己未　己酉　丙申　丙午　丙辰

弟兄貴人　子孫　財星　才星驛馬　弟兄　子孫

遁得丙辰子孫在巽丙午弟兄在震丙申財驛馬在

坤己酉財星在乾己未子孫在兌己巳弟兄貴人在

坤丁奇在震丙奇在巽乙奇在中宮寄坤四吉在兌

休門在乾英星在坎無父宮祿山虛日鼠管局

六爻無父官祿三山

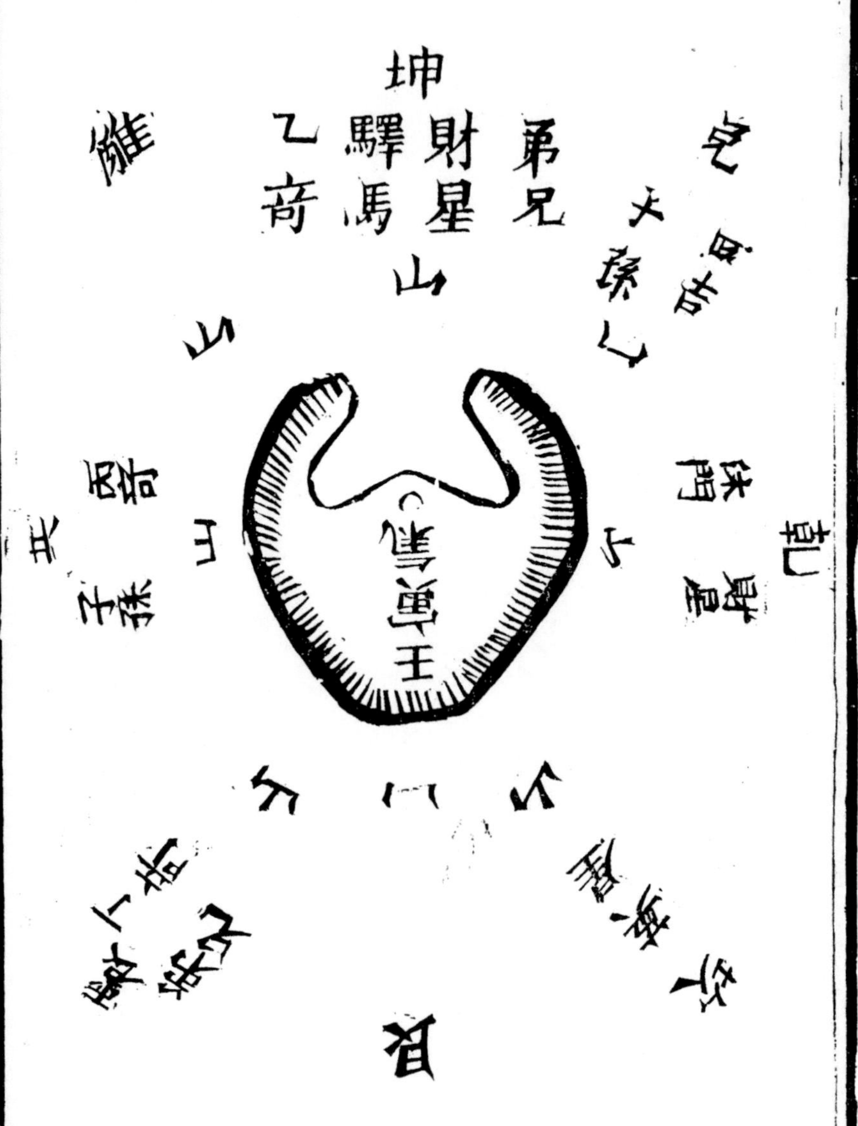

坤
兌 子孫 吉 丁
弟兄
財星
驛馬
乙奇
離
山
乾 財星
休門 山
丑 子孫 吉 山
癸
艮

巳卯氣正甲龍鷩蟄上局坎宮起甲子係甲戌二宮
符頭順遁得山雷頤卦屬木四爻鬼金羊持世

上九	六五	六四	六三	六二	初九
八	八	八世	、	八	、應
丙寅	丙子	丙戌	庚辰	庚寅	庚子
弟兄	父母貴人	財星	財星	弟兄	父母貴人

遁庚子父母在坎貴人在坎庚寅弟兄在離庚辰財星在艮丙戌財星在中宮寄坤丙子父母貴人在巽丙寅弟兄在震丁奇在兌丙奇在艮乙奇離休門在艮蓬星一坎四吉在中宮寄坤子孫祿馬無婁金狗

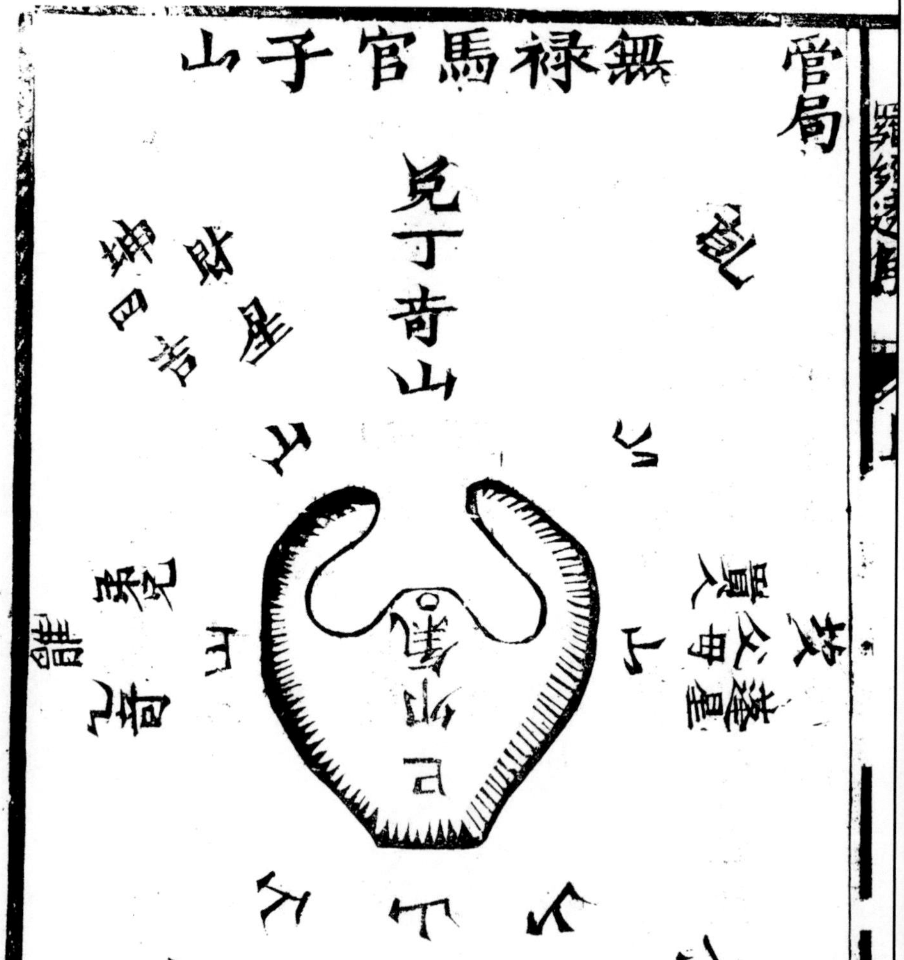

管局

無祿馬官子山

癸卯氣正卯龍春分中局九 離起甲子震宮甲午為符頭卦得震為雷屬木六爻畢月烏持世

上六　六五　九四　六三　六二　初九

、世　八　、　八應　八　、

庚戌　庚申　庚午　庚辰　庚寅　庚子

財星　官星　子孫　財星　弟兄　父母

遁庚子父母在離庚寅弟兄在艮庚辰財星在兌庚午子孫在乾庚申官星在坤庚戌財星在坎丁奇有乾丙奇七兌乙奇八艮四吉三震祿山九離休門二坤萬星一坎馬貴俱無係危月燕管局

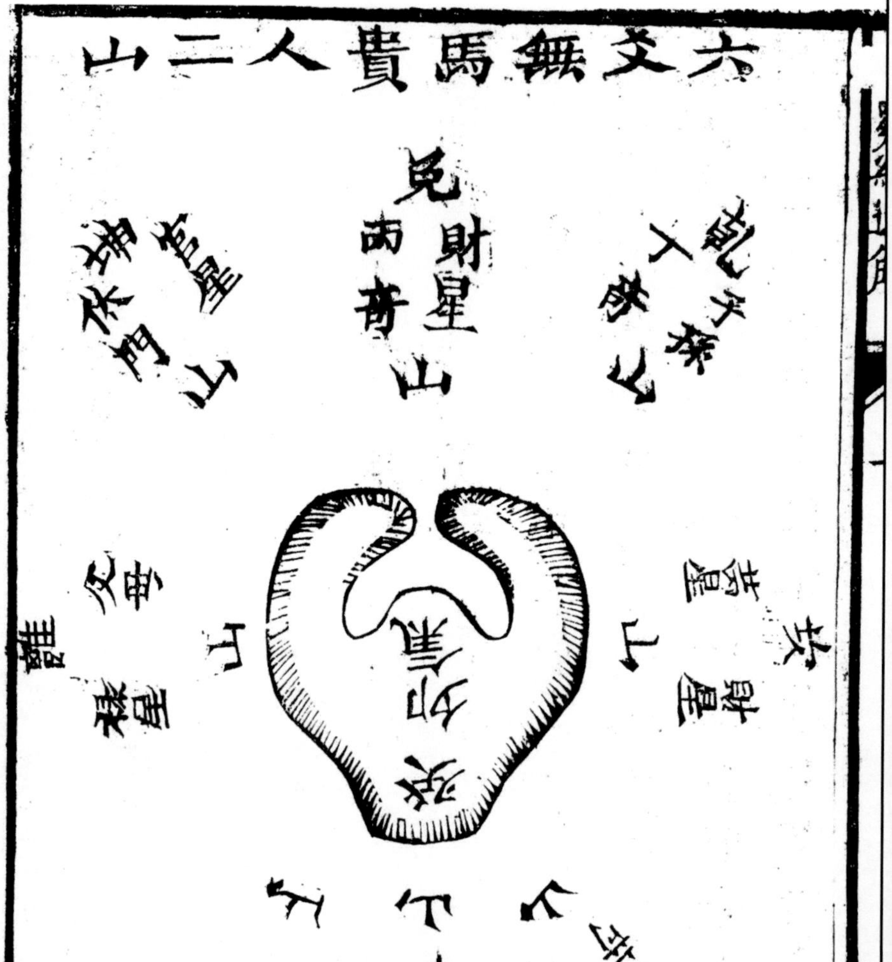

六爻無馬貴人二山

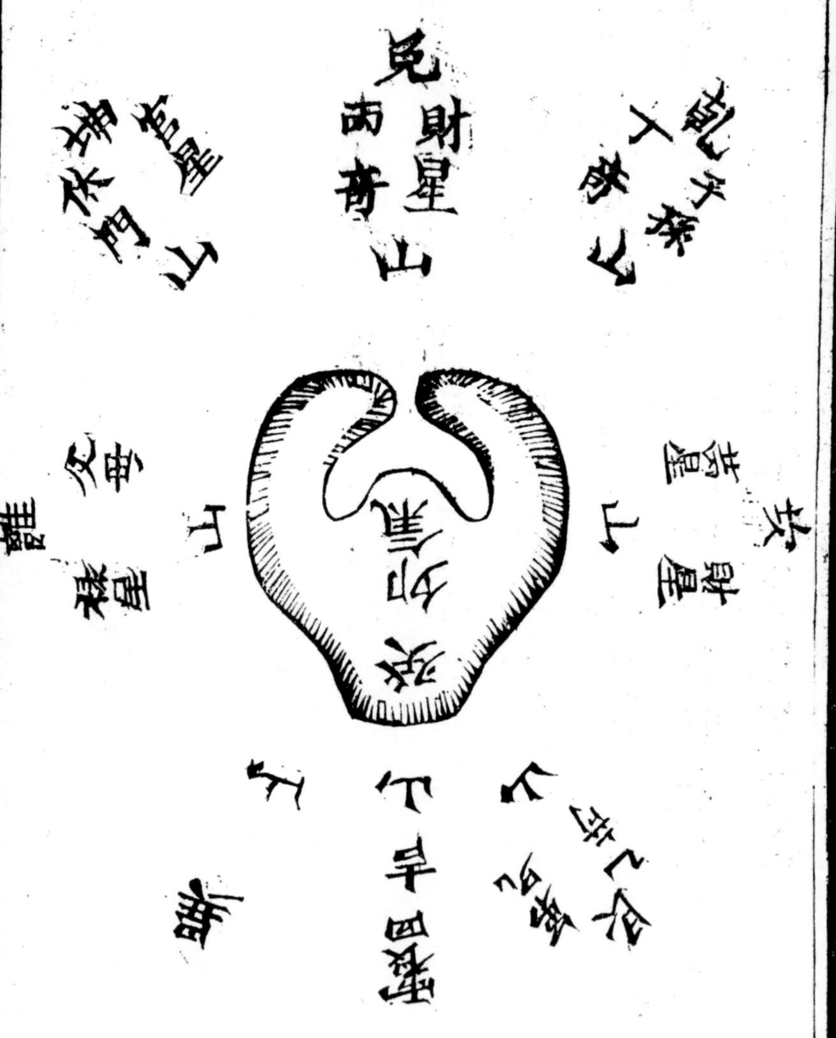

[illegible]

癸卯氣

庚辰氣正乙龍清明上局巽宮起甲子中宮甲戌為符頭卦得震為雷屬木六爻畢月烏持世

上六　六五　九四　六三　六二　初九

八世　八　丶　八應　八　丶

庚戌　庚申　庚午　庚辰　庚寅　庚子

財星　官星祿星　子孫　財星　弟兄驛馬　父母

遁庚子父母在巽庚寅弟兄驛馬在震庚辰財星在坤庚午子孫一坎庚申官星祿星六乾庚戌財星在中宮寄坤，乙奇在震丙奇坤，丁奇坎四吉兑柱星坎休門坤，貴山無胃土雉管局

六爻缺貫人山
兌四吉山
庚辰氣
坎
震
巽
坤
乾

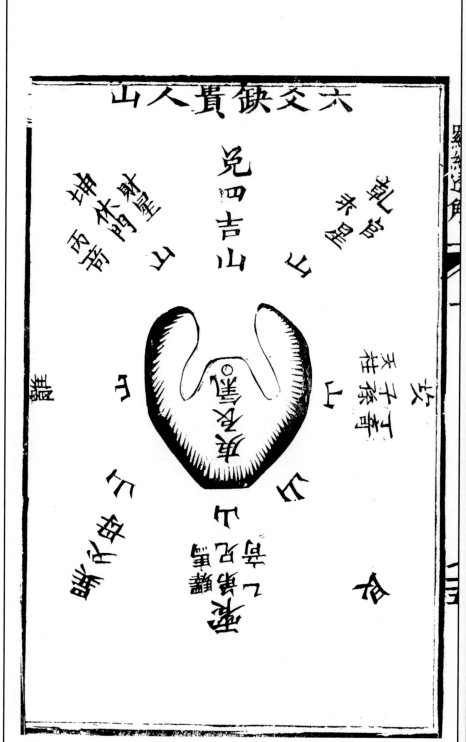

甲辰氣正辰龍谷雨下局八艮起甲子震宮為符頭
卦得巽為風屬木。六爻軫水蚓持世
上九　九五　六四　九三　九二　初六
世　、　八　、應　、　八
辛卯　辛巳　辛未　辛酉　辛亥　辛丑
弟兄　子孫　財星貴人　官星　父母　財星貴人
遁辛丑財山貴人在離辛亥父母一坎辛酉官星二
坤。辛未財山貴人在乾。辛巳子孫在兌辛卯弟兄八
艮丁奇中宮寄坤。丙奇六乾。乙奇七兌四吉八艮休
門一坎中星一坎祿馬俱無室火猪管局

六爻鈌录馬山

乾
貴人
丙奇

財星

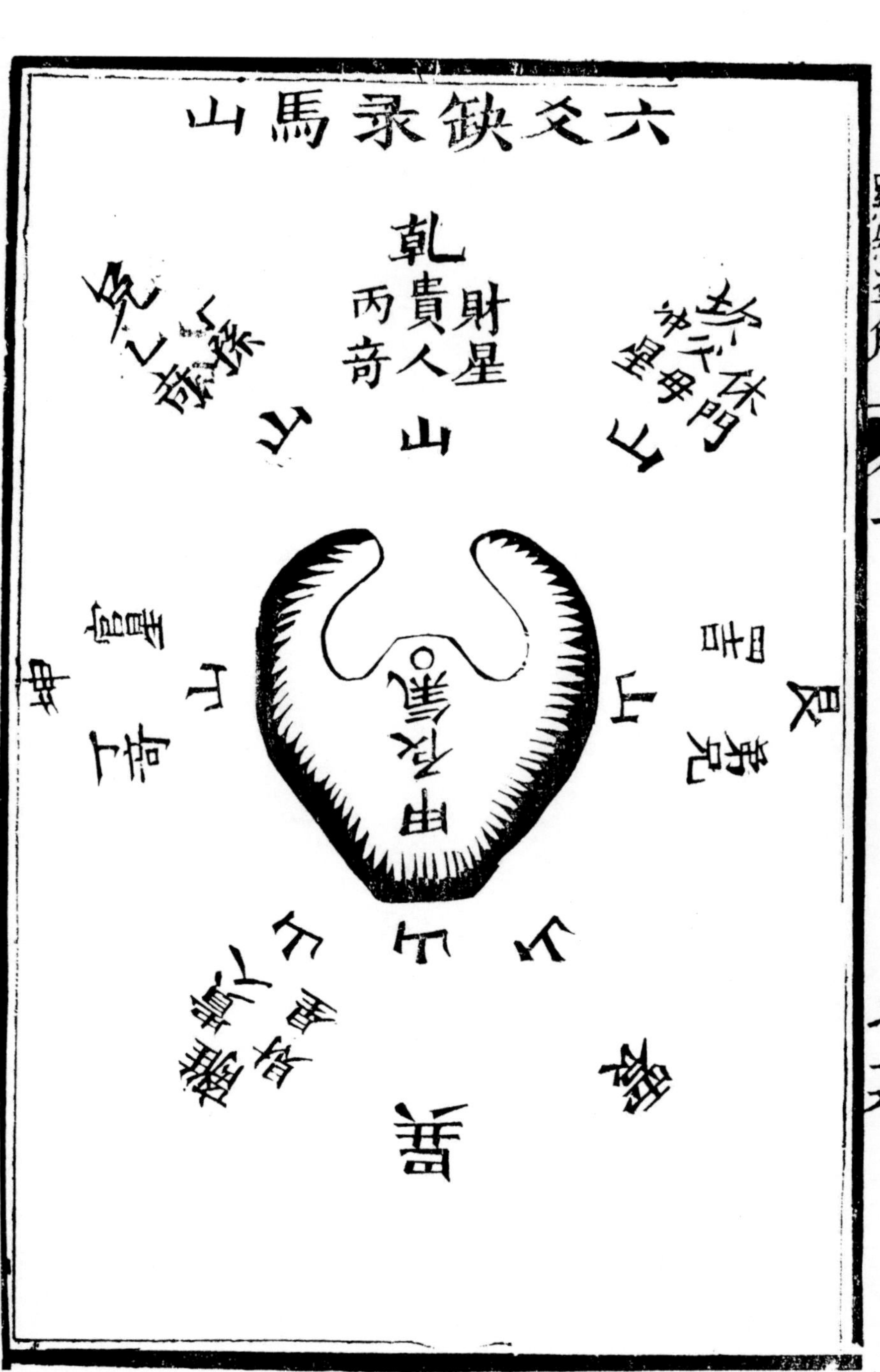

辛巳氣正巽龍立夏上局巽宮起甲子中宮甲戌爲符頭卦得澤風大過屬木四爻柳土獐持世

上六　九五　九四　九三　九二　初六

八、　、世　、　、　八應

丁　丁酉　丁亥　辛酉　辛亥　辛丑

財　官祿星　父母驛馬　官祿星　父母驛馬　財星

遁得辛丑財星在中宮寄坤辛亥驛馬父母在乾辛酉官星祿星在兑丁亥驛馬父母在離丁酉官星祿星在坎丁未財星在坤丁奇坎丙奇坤乙奇震四吉坎休門坤天心坎貴人無昴日鷄管局

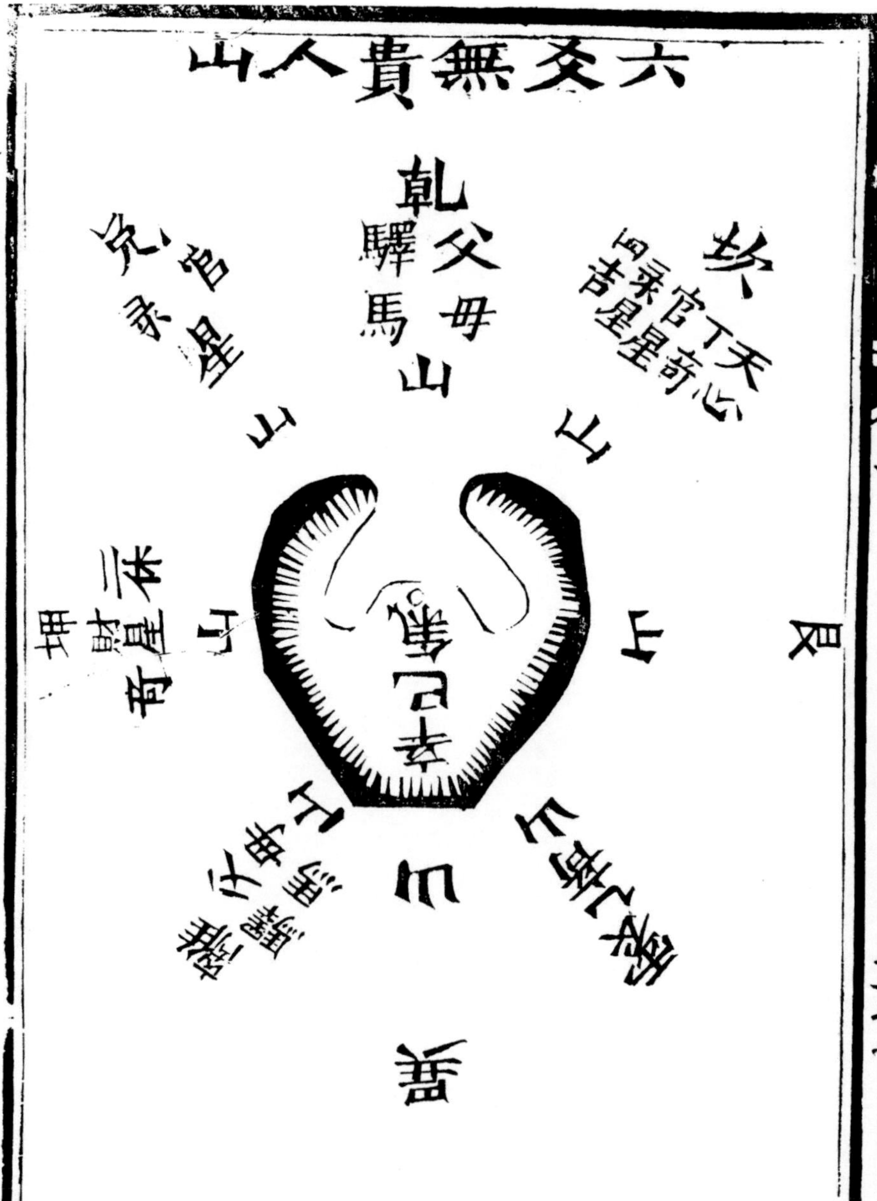

六爻無貴人山

乾
父母山
驛馬

坎
天心 丁奇 官星 祿吉
山

兌
官星 祿
山

艮
山

辛巳氣

坤
三休 財星 奇
山

癸乙山

山

驛馬 父母 山

震

乙巳氣正巳龍小滿下局艮宮起甲子順遁甲辰三
震為符頭卦得雷風恒屬木三爻亢金龍持世

上六	六五	九四	九三	九二	初六
八應	八	、	、世	、	八
庚戌	庚申	庚午	辛酉	辛亥	辛丑
財星	官星貴人	子孫	官星	父母驛馬	財星

遁得辛丑財星在離辛亥驛馬父母在坎辛酉官星
在坤庚午子孫在中宮奇坤庚申官星貴人在坎庚
戌財星在離丁奇在中宮寄坤丙奇在乾乙奇兌四
吉震休門艮英星坎祿山無壁水偷管局

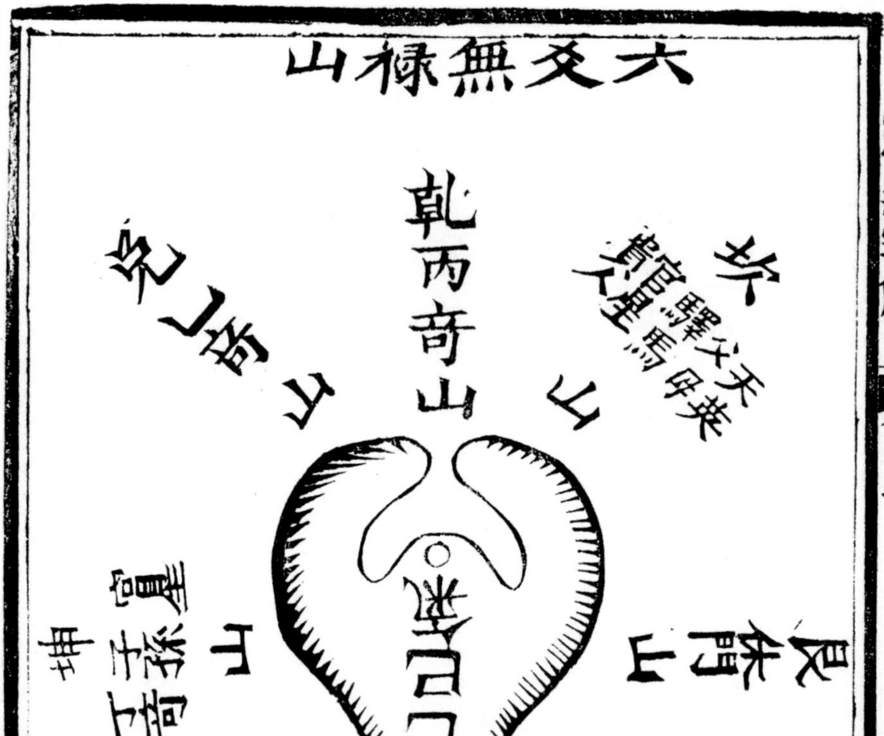

六爻無祿山

坎 癸申 驛馬 父印 天夾 山

乾丙奇山

兌丁巳山

艮休門山

乙巳氣

坤 宮星 子孫 丁奇 山

震庚亥 山

巽 山

離壬寅 山

壬午氣正丙龍芒種上局六乾起甲子。七兑甲戌為符頭順遁卦得風火家人。屬木二爻張月鹿持世

上九　九五　六四　九三　六二　初九

、　、應　八　、　八世　、

辛卯　辛巳　辛未　己亥　己丑　己卯

弟兄貴人　子孫貴人　財星　父母祿星　財星　弟兄貴人

遁己卯貴人弟兄在震。己丑財星在巽。己亥祿星父母在中宮寄坤。辛未財星在巽辛巳子孫貴人在中宮寄坤。辛卯弟兄貴人在乾。丁奇震。丙奇巽。乙奇中宮寄坤。四吉離。休門艮。柱星坎。宮馬無畢月烏營局

六爻無官馬山

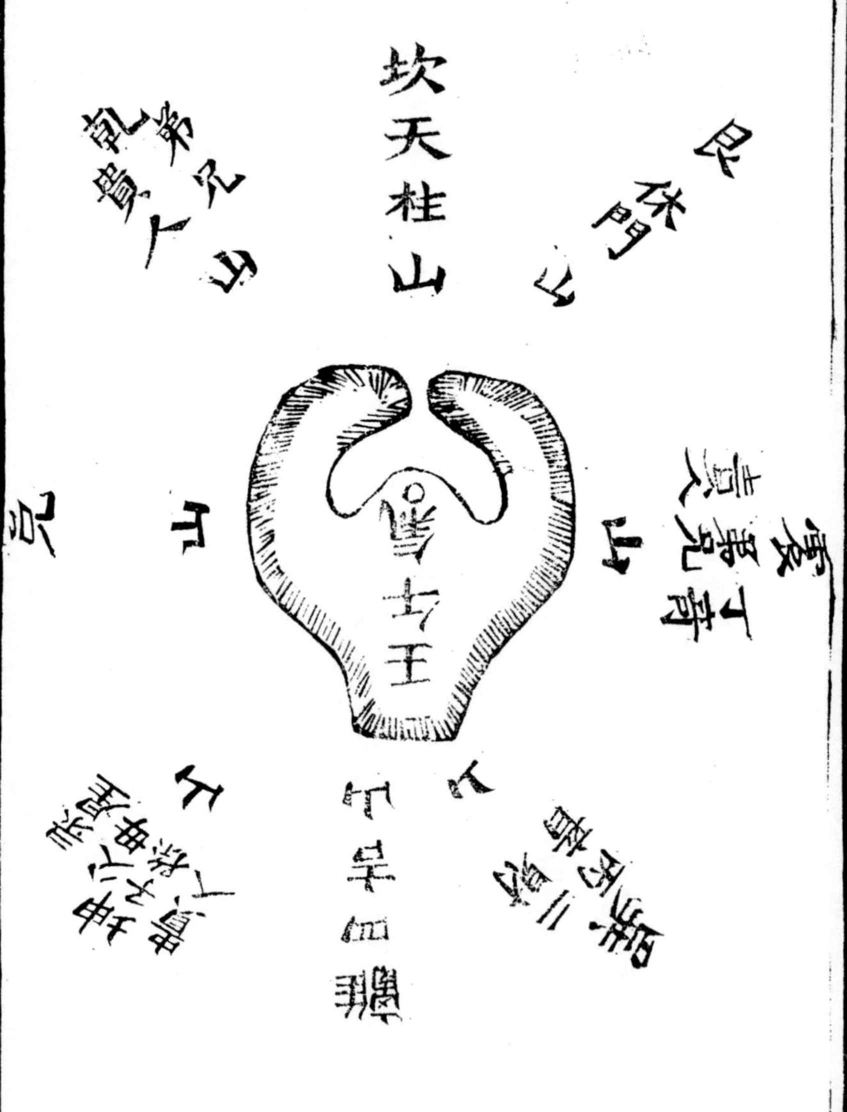

坎天柱山

艮 休門

乾 兄弟 貴人

壬

離

丙午氣正午龍。夏至下局乾宮起甲子逆遁二坤卯辰為符頭卦得地火明夷屬水。四爻井木犴持世

上六	六五	六四	九三	六二	初九
八	八	八世	、	八	、應
癸酉	癸亥	癸丑	巳亥	巳丑	巳卯
父母貴人	弟兄貴人	官星	弟兄貴人	官星	子孫

遁得巳卯子孫在離。巳丑官星在艮。巳亥弟兄貴人到兌癸丑官星到坤。癸亥弟兄貴人到坎癸酉父母貴人到乾。丁奇離。丙奇艮。乙奇兌四吉巽休門乾英星坎。祿馬財山俱無。奎木狼管局。

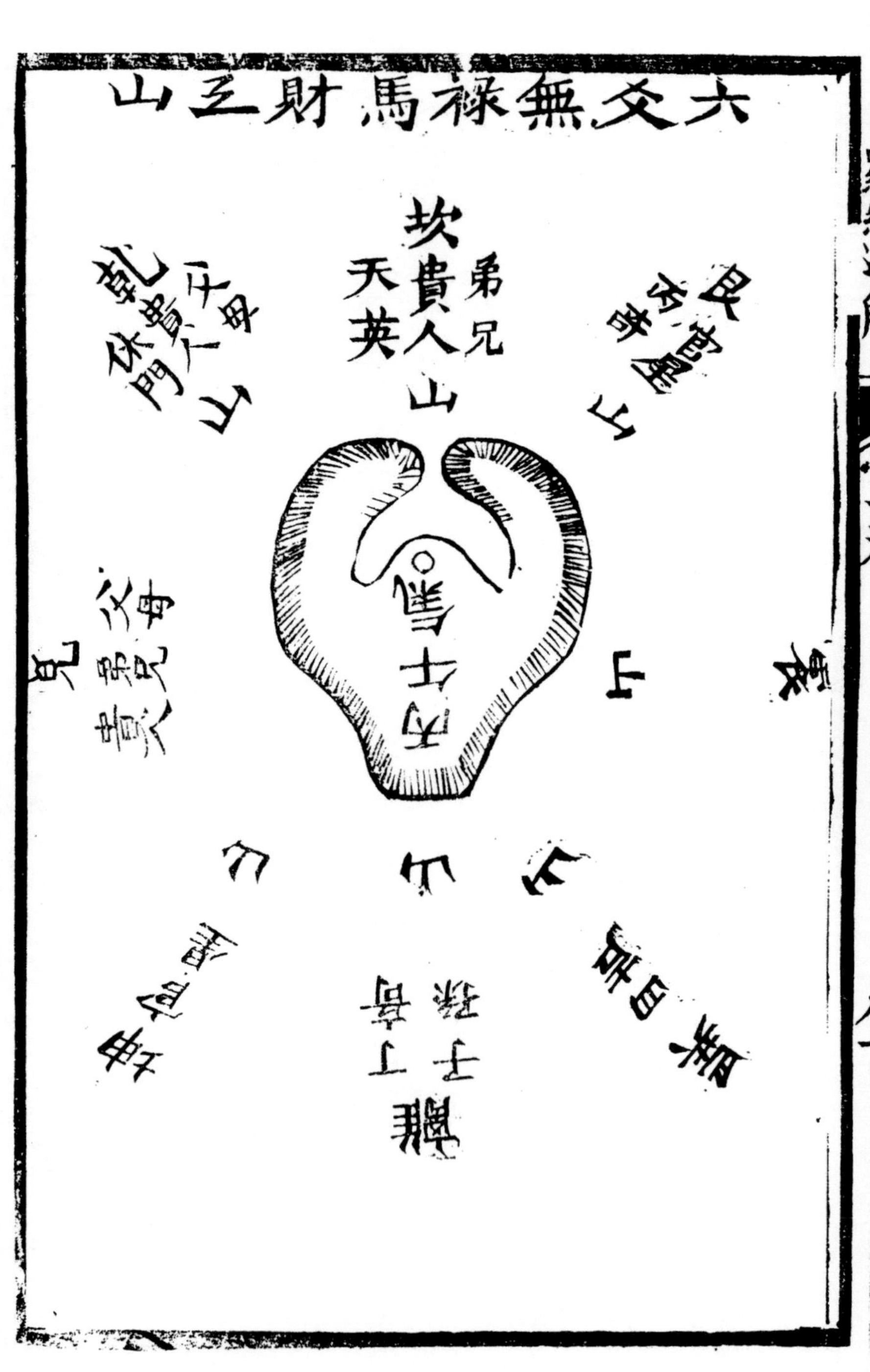
六爻無祿馬財之山
坎
弟兄
貴人山
天英
離
坤

癸未氣正丁龍小暑上局八艮起甲子兌宮甲戌為
符頭逆遁卦得离為火屬火六爻尾火虎持世
上九　六五　九四　九三　六二　初九
世　八　、　、應　八　、
巳巳　巳未　巳酉　巳亥　巳丑　巳卯
兄弟駅馬貴人　子孫　財星　官星　子孫　父母貴人
遁得巳卯父母貴人到坤巳丑子孫到坎巳亥官星
到離巳酉財星到艮巳未子孫到兌巳巳驛馬貴人
弟兄到震丁奇坤丙奇坎乙奇离四吉离休門坎天
英坎祿山無觜火猴管局

六爻無祿山

一卦管三山無山方宜倍

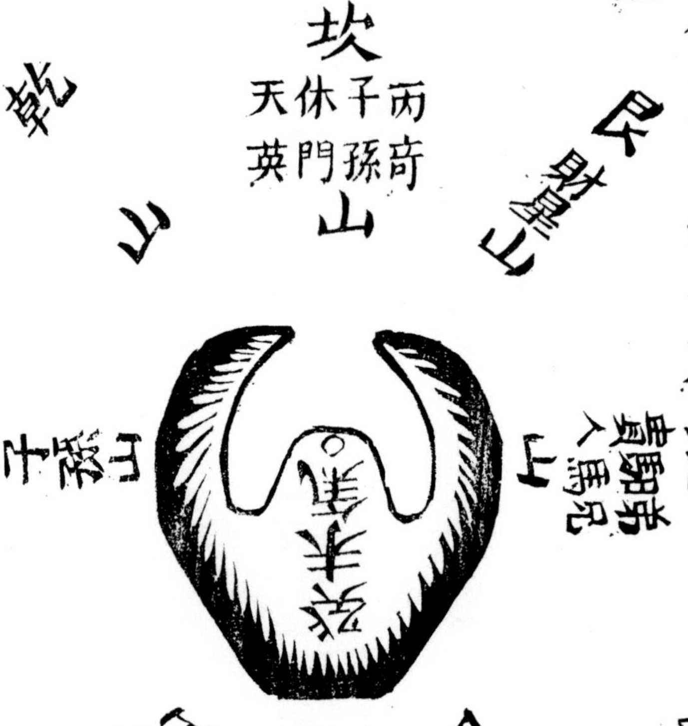

宜生旺處忌洩煞方

坎

丙奇 子孫 休門 天英

山

艮

乾

震

巽

離

父山峙則田宅廣

財山聳則金帛盈

主妻美

倉甚官

山秀科

甲顯子

山高則

子孫旺

長生祿

馬方高

旺秀則

無疾多

壽貴頭

四吉三

前山高

旺秀必

富貴應

速或六

文諸峯有不全造

皆閣亭臺士數備

丁未氣正未龍大暑下局巽宮起甲子九離甲戌爲
符頭卦得雷比豫屬木初爻房火兕持世

上六	六五	九四	六三	六二	初六
八	八	、應	八	八	八
庚戌	庚申	庚午	乙卯	乙巳	乙未
財星	官星	子孫祿星	弟兄	子孫驛馬	財星

遁得乙未財星到離乙巳子孫驛馬到艮乙卯弟兄
到兌庚午子孫祿山到兌庚申官星到坤庚戌財山
到震丁奇兌丙奇乾乙奇中宮寄艮四吉震休門巽
天柱坎父母貴人俱無箕水豹管局

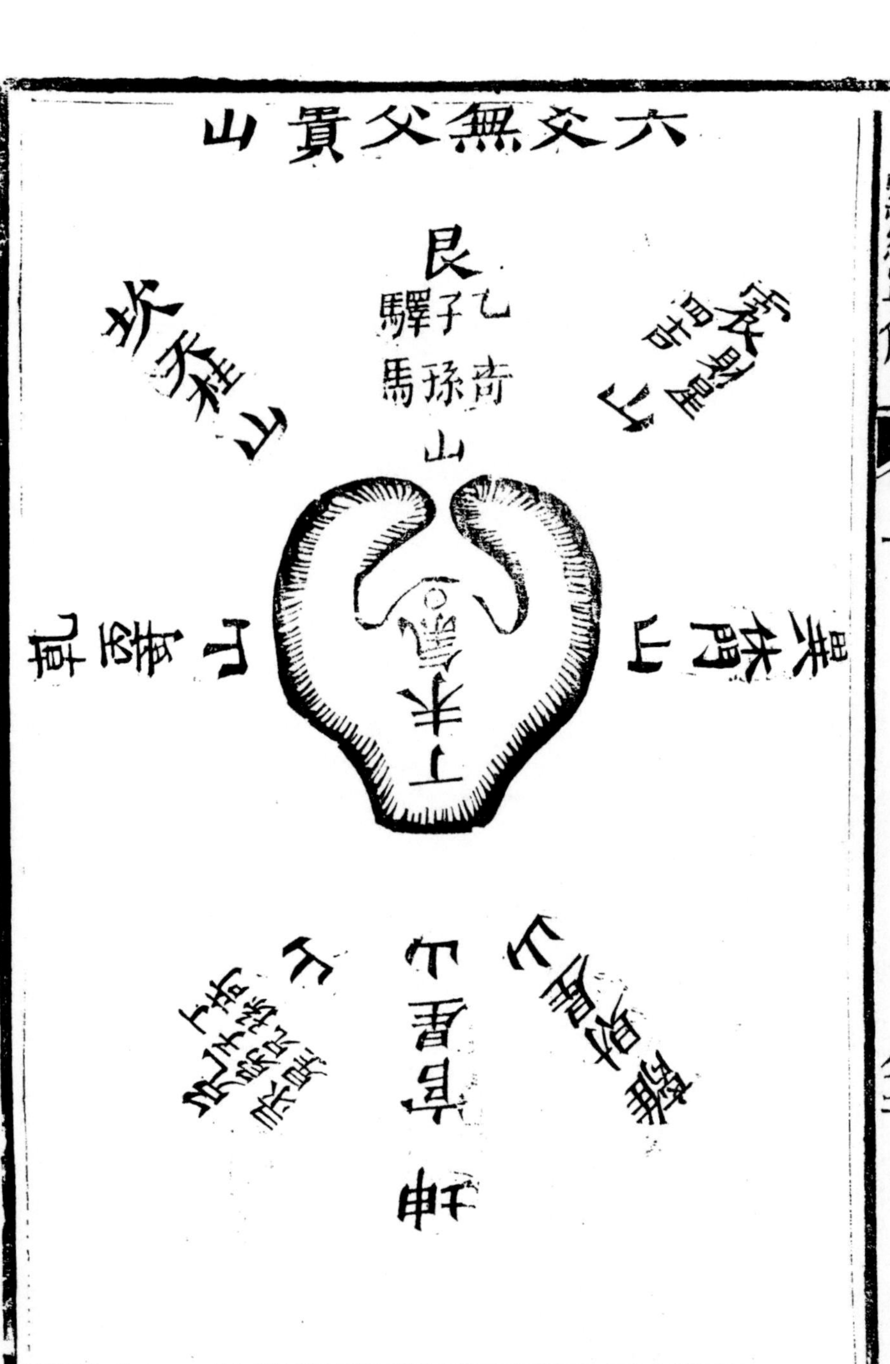
六爻無父貫山
艮
乙奇
子孫
驛馬
山

甲申氣正坤龍立秋中局中宮起甲子三震為符頭

卦得坤為地屬土六爻　女土蝠持世

上六	六五	六四	六三	六二	初六
八世	八	八	八應	八	八
癸酉	癸亥	癸丑	乙卯	乙巳	乙未
子孫	財星	弟兄貴人	官星	父母	弟兄貴人

遁得乙未弟兄貴人到坎乙巳父母到離乙卯官星到艮癸丑弟兄貴人到坎癸亥官星到離癸酉子孫中宮寄艮丁奇艮丙奇兌乙奇乾四吉艮休門坎蓬星坎祿馬無參水猿管局

六爻無祿馬山

文

官星

子星

丁奇

山

申

田

庚申氣正申庚處暑下局兌宮起甲子三震甲艮為符頭卦得澤地萃屬金三爻壁水㺄持世

上六　九五　九四　六三　六二　初六

八、　、應　、　八　八世　八

丁未　丁酉　丁亥　乙卯　乙巳　乙未

父母貴人　弟兄　子孫　財星　官鬼星　父母貴人

遁得乙未父母貴人到震乙巳官鬼星到坤乙卯財星在坎丁亥子孫到坤丁酉弟兄到坎丁未貴人父母到離丁奇坎丙奇離乙奇艮四吉兌休門離　天英坎胃土雉管局

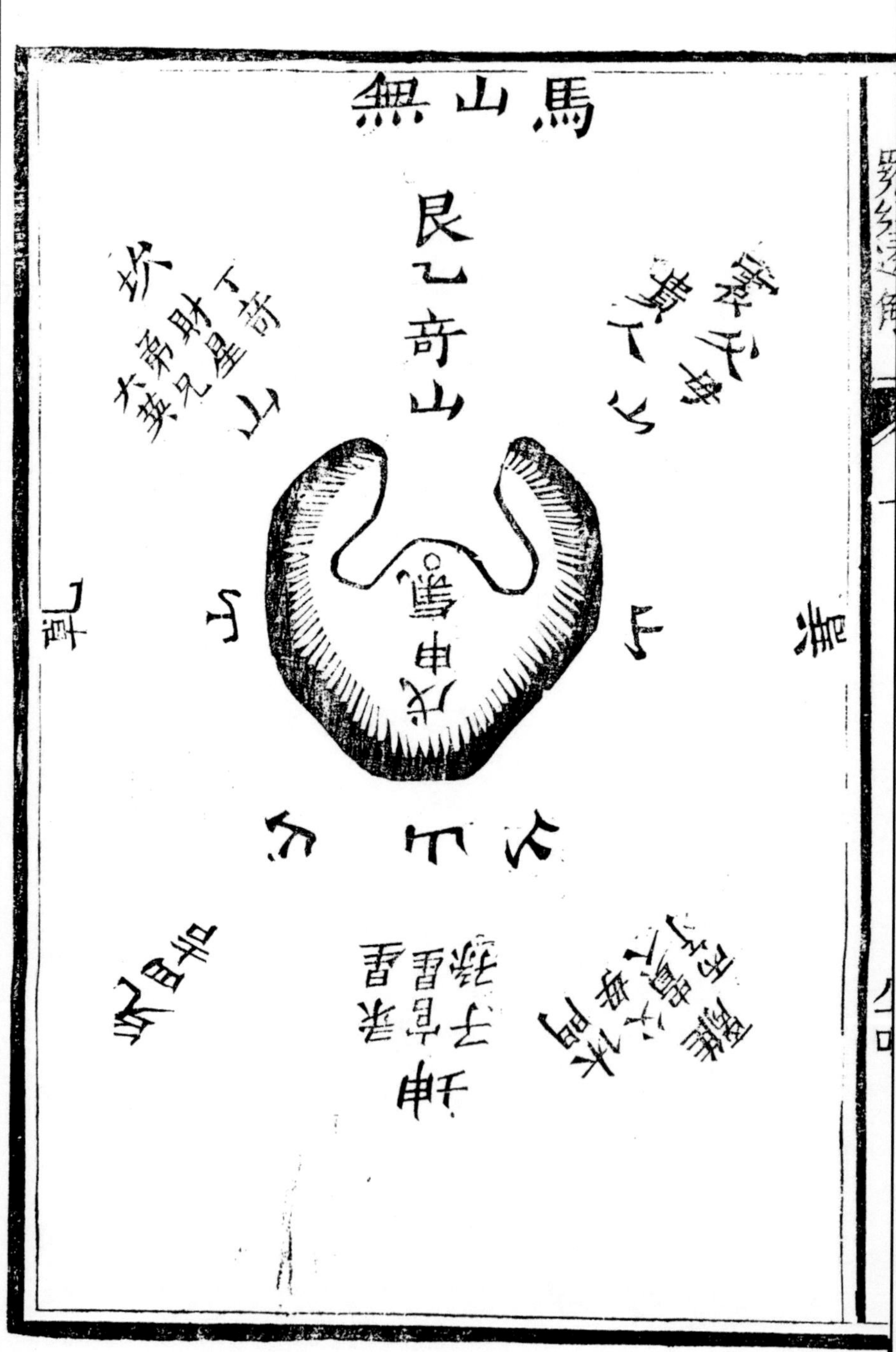
馬山無
艮乙奇山
戊申氣
坤
子官祿
孫星星
巽
乾

乙酉氣正厝老白露中局三震起甲子一坎甲申為符頭卦得雷澤歸妹屬金三爻 壁水㺄 持世

上六	六五	九四	六三	九二	初九
八應	八	、	八世	、	、
庚戌	庚申	庚午	丁丑	丁卯	丁巳
父母	弟兄貴人	官星	父母	財祿星	官星

遁得丁巳官星到巽丁卯祿星財星到離丁丑父母到艮庚午官星到乾庚中弟兄貴人到坎庚戌父母在坤丁奇乾丙奇中宮乙奇巽休門震天芮坎四吉震井木犴管局

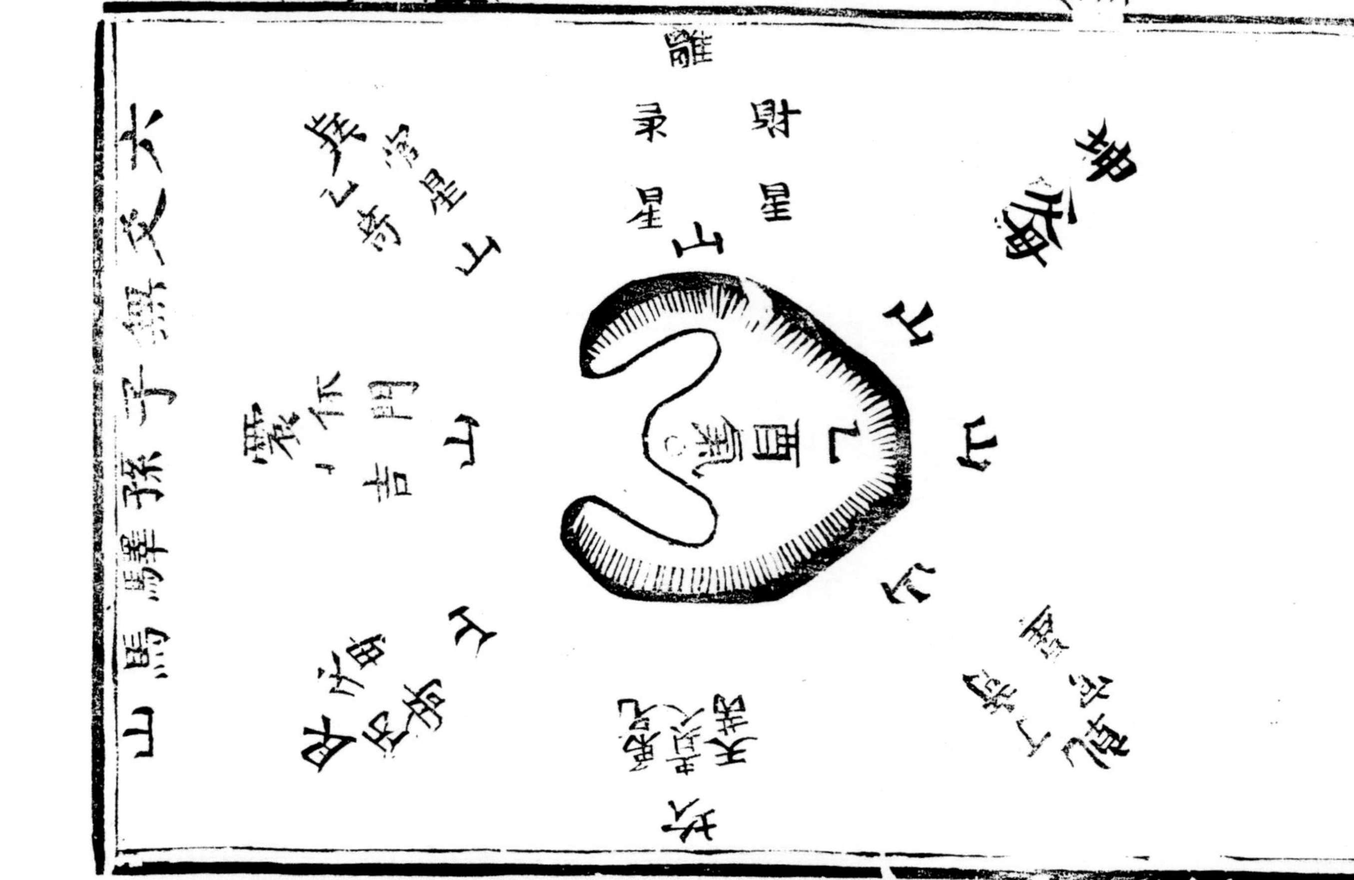
六爻無子孫驛馬山
離
巽
坤
震
乙
酉氣
坎
乾
艮

巳酉氣正酉為秋分上局七兑起甲子三震甲辰為
符頭卦得雷澤歸妹屬金三爻壁水偷持世
上六　六五　九四　六三　九二　初九
八應　八　、　八世　、　、
庚戌　庚申　庚午　丁丑　丁卯　丁巳
父母　弟兄貴人　官祿星　父母　財星　官星
遁丁巳官星到艮丁卯財星在巽丁丑父母到震庚
午官祿星到坎庚申弟兄貴人到中宮寄艮庚戌父母到
乾丁奇坎丙奇離乙奇艮凶吉兑休門巽天輔坎鼎
日鷄管局

六爻無子焉山

離　丙奇山

巽辛申上　癸休門

震父母山

艮　乙奇己年山　寅弟兄入

坤

兌酉辛山

巳丁山

巳酉丑

乾亥甲山　丁

坎　天輔　壬癸山　丁奇

丙戌氣正辛龍寒露中局九離起甲子七兑甲申為符頭卦得天澤履屬土五爻牛金牛持世

上九	九五	九四	六三	九二	初九
、	、世		八	、應	
壬戌	壬申	壬午	丁丑	丁卯	丁巳
弟兄	子孫驛馬	父母	弟兄	官星	父母祿驛

遁丁巳父母祿星到坎丁卯官星在乾丁丑弟兄到中宮寄艮壬午父母到離壬申子孫驛馬到坎壬戌弟兄到中宮寄艮丁奇震丙奇坤乙奇坎四吉中宮寄艮休門乾天柱坎鬼金羊晉局

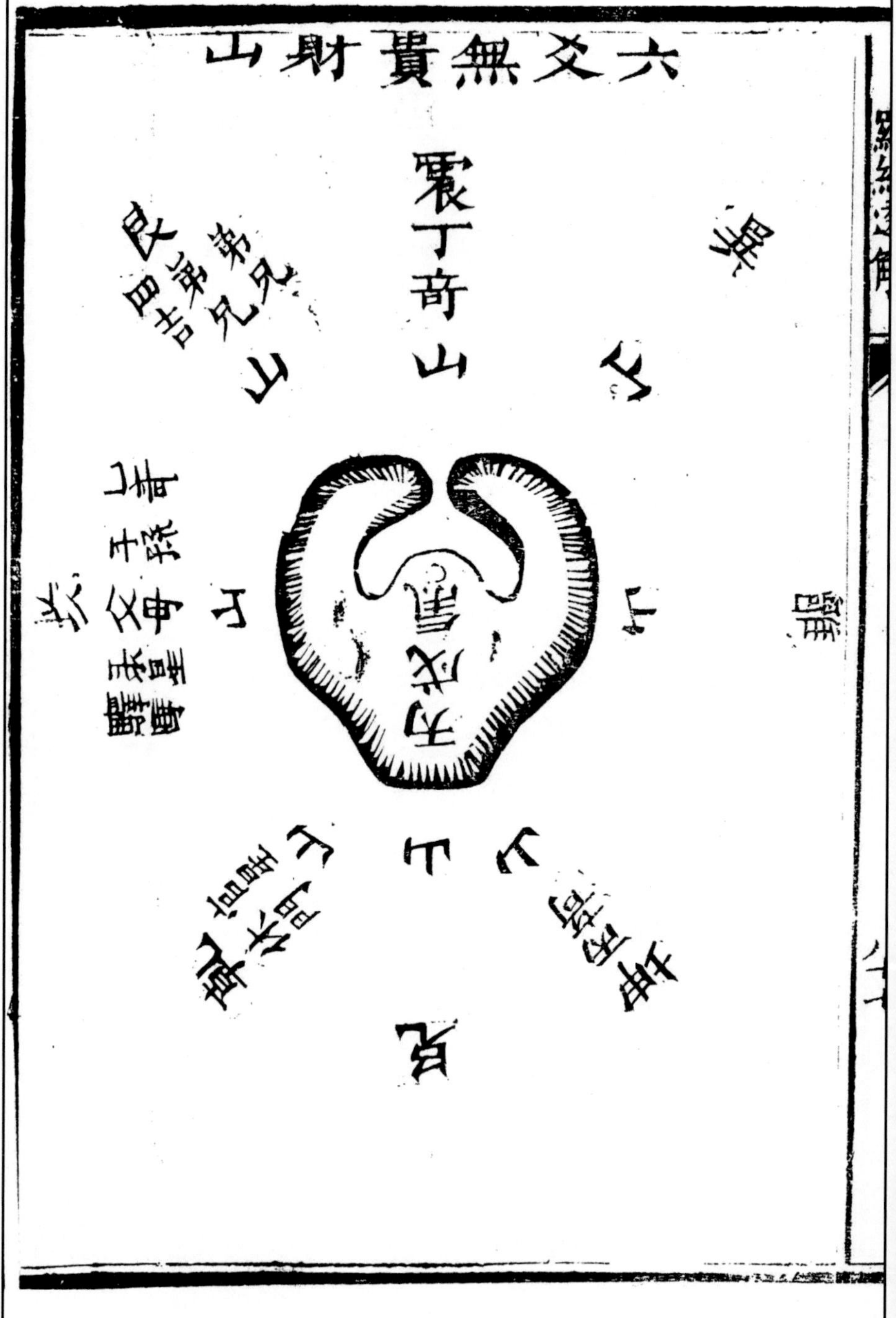

六爻無貴財山

巽

震丁奇山

艮

離

丙戌氣

坤

兌

乾

庚戊氣戊戊龍霜降上局中宮起甲子一坎甲辰為

符頭卦得火天大有屬金三爻室火猪持世

上九　六五　九四　九三　九二　初九

、應　八、　、　、世　、　、

巳巳　巳未　巳酉　甲辰　甲寅　甲子

官星　父母貴人　弟兄　父母　財星　子孫

遁甲子子孫到中宮寄艮甲寅財星到離甲辰父母

在坎巳酉弟兄到中宮寄艮巳未父母貴人到巽巳

巳官星到離丁奇艮丙奇見乙奇乾四吉離休門巽

天柱坎畢　月烏管局

六爻無求焉山

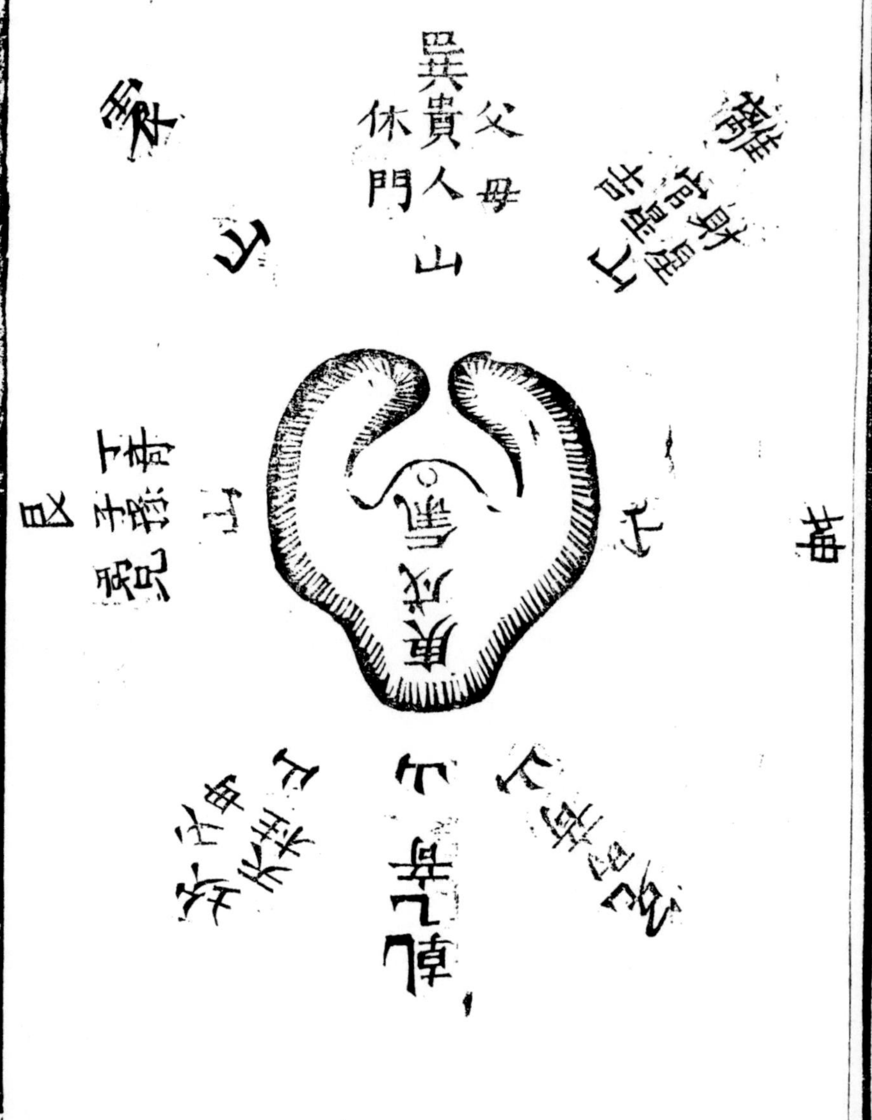

巽

父　貴人　母

休門

山

離

財星　官星　吉

震

坤

乾

兌

坎

丁亥氣正乾龍立冬中局離宮起甲子七兌甲申為符頭卦得雷天大壯屬土四爻箕水豹持世

上六　六五　九四　九三　九二　初九

八、　八、　世、　、　、　應

庚戌　庚申　庚午　甲辰　甲寅　甲子

弟兄　子孫　父母祿星　弟兄　官星　財星

遁甲子財星到離甲寅官星到巽甲辰弟兄到中宮寄艮庚午父母祿星到震庚申子孫在兌庚戌弟兄到艮丁奇震丙奇坤乙奇坎休門震天英坎四吉離柳土獐管局

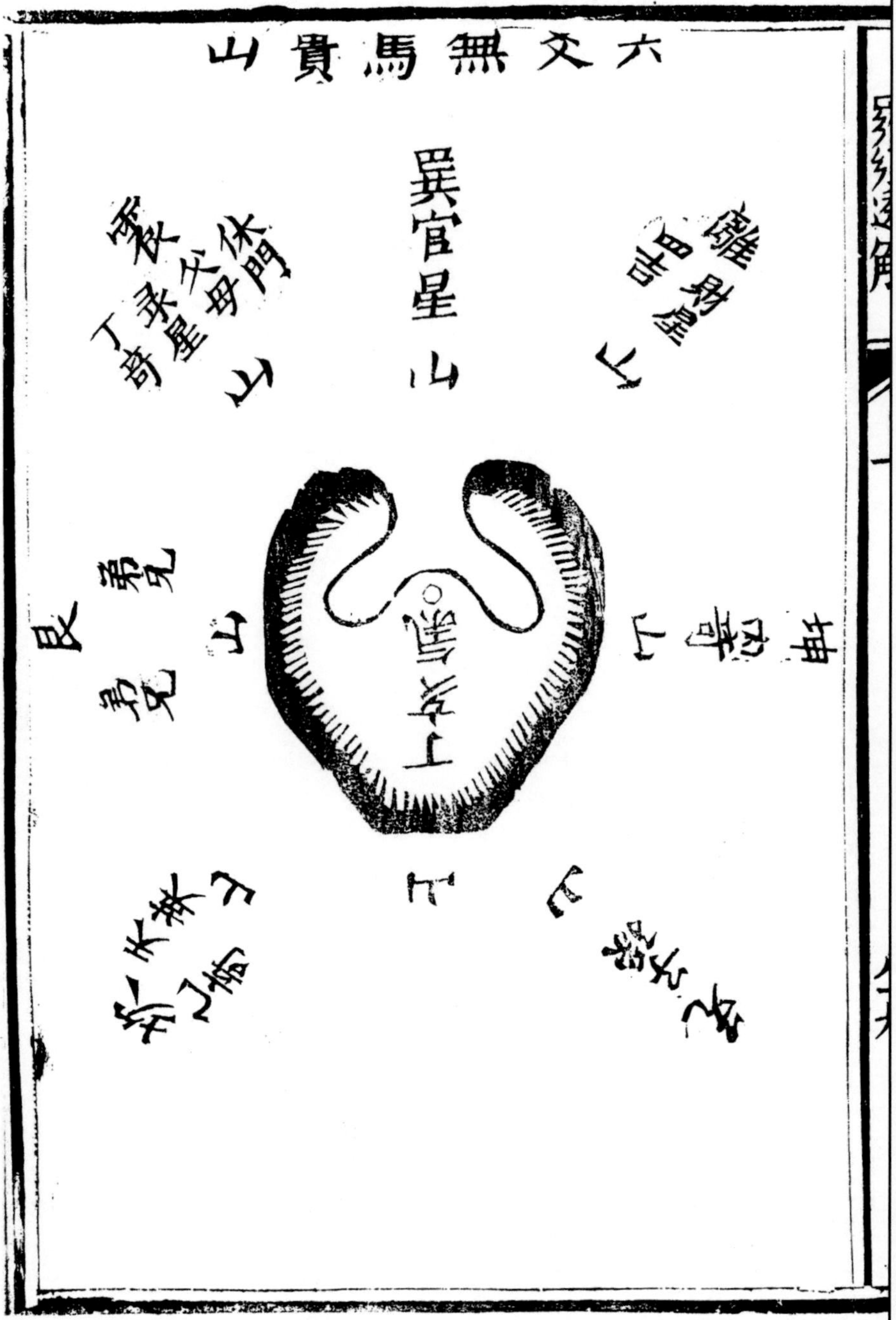

六爻無馬貴山

巽官星山

離　財星　田吉　山

坤　穴奇山

乾　文殺　山

丁亥氣

癸　天乙奇　山

艮　弟兄　兄弟　山

休門　母父　殺星　奇丁　山

辛亥氣正亥龍。小雪上局中宮起甲子。一坎甲辰為符頭卦得地天泰。屬土。三爻室火猪持世。

上六	六五	六四	九三	九二	初九
八應	八	八	、世	、	、
癸酉	癸亥	癸丑	甲辰	甲寅	甲子
子孫祿星	財星	弟兄	弟兄	官星貴人	財星

遁田子財星到中宮寄艮甲寅官星貴人到離甲辰弟兄一坎。癸丑弟兄一坎。癸亥財星九離。癸酉子孫祿星到中宮寄艮。丁奇艮。丙奇兑。乙奇乾。休門震天輔坎。觜火猴管局。

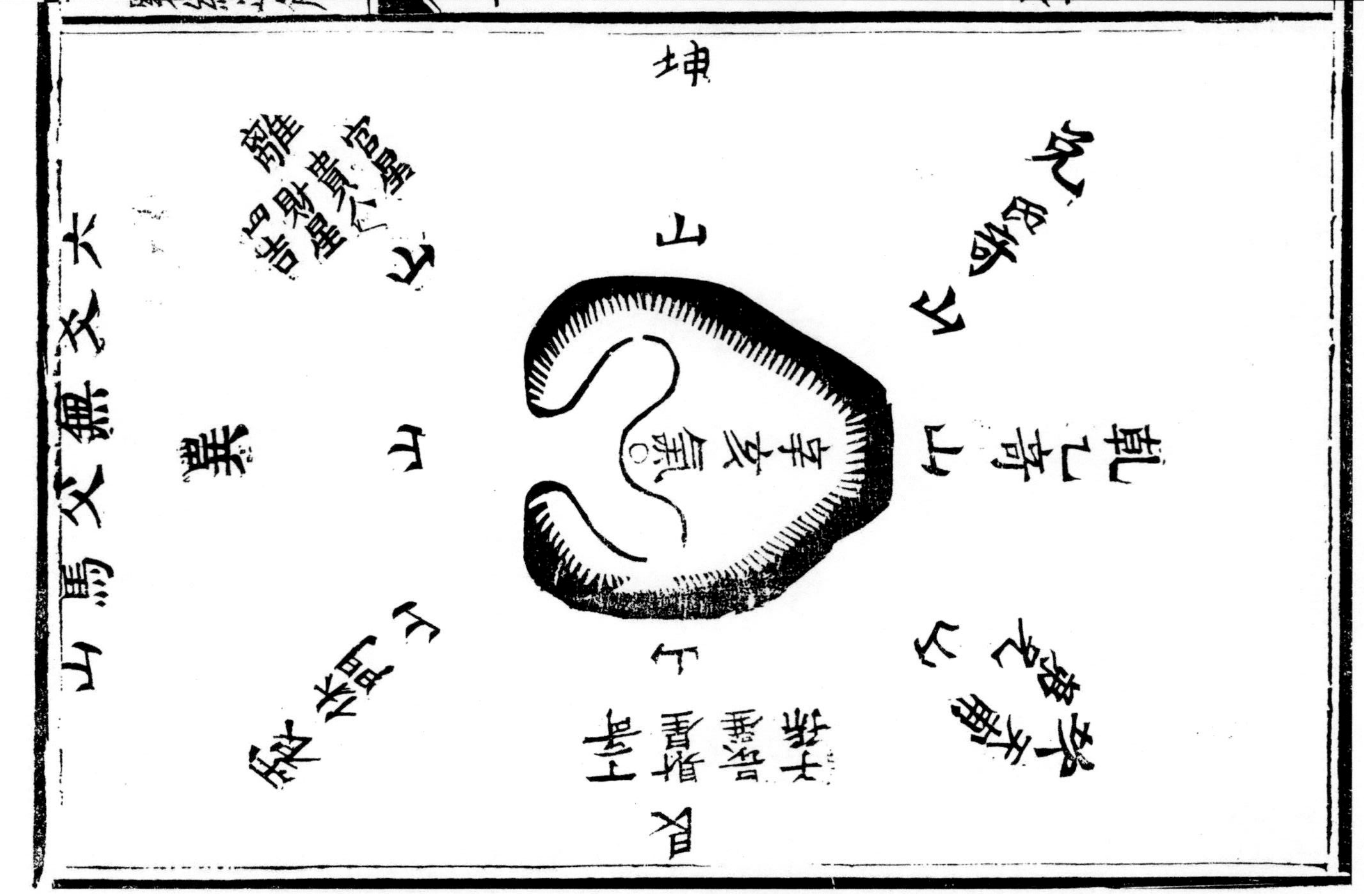
六爻無父馬山
坤
巽
山
乾乙亥山
辛亥氣
艮

此乃六十龍透地，難以詳列，只錄丙子一旬，三丁交十二天干以為旺氣穴。庚子一旬至辛亥，十二地支為相氣穴。共為二十四個珠寶。古聖云：塟乘生氣助此謂耳。又云：坐下十分龍縱少，前砂亦富貴。唯戊子一旬至己亥，壬子一旬至癸亥，甲子一旬至乙亥，此三十六龍透地為孤虛煞曜，塟之為得地不得穴。聖人云：坐下若無真氣脉，前面安叠萬重山。又云：十坟塟下九坟貧，是也。然此務觀三奇以定水局，看子父財官祿馬貴人以定吉砂，看金水日月以定坐向。子父財官弟兄出於何地，收砂宮位上有秀峯，主子孫聰俊登科及第世代富貴學者取用助在人盤中針參詳發福更有力。

六方位

山有三八位只二四。二四重之八卦斯是。一卦六爻爻起渾天。父財官。刼鬼位爲敵子山高。則子孫旺父山峙則田宅廣財山聳則金帛盈官山秀。則科甲顯刼凌則甚鬼欺。傷重更無生尅此天機妙斷。尅我者官。我尅者財。生我者父我生者子。比和者弟兄。自立穴處。細觀若官鬼方高過穴必富貴低小則貧賤妻財高過穴。則妻美奩甚低則不能豐。身父母方高則父子和睦。低小不睦。兄弟方高則弟兄友愛否則相仇。五者之外。又有長生方高旺秀。則無疾多壽。低則遊蕩多疾色慾。六親人丁。看子孫與弟兄之拱護官職之大小。看官貴之高低。此先聖心授之法

第十八層。縫針天盤辨來去之水

夫天盤名曰縫針。亦與僂山相合。前人論之以龍向消去來之水。以辨休囚旺相之方。所以縫針與正針隔半位。正針者。正對子午。名曰地盤。楊公制之納龍立向則縫針與壬子同宮。丙午同宮。為天盤。收水作用。賴公中針子癸逢中。午丁同宮。名曰人盤。古人傳

之以為消砂。又名換星法。論選擇以太陽到方。到向十二宮分野。十二次纏度。所以天地人三針。各自為用無窮。至於收水之法。其理多門。錯亂無憑。叅其中精微之理。不外淨陰淨陽。伏羲先天八卦洛書之源如乾南坤北乃洛書戴九履一。先天離東坎西。乃洛書左三右七。皆得奇數。是為淨陽。先天兌居東南。巽居西南。乃洛書二四為肩。先天震居東北。艮居西北乃洛書六八為足。皆得偶數。是為淨陰。賴公所謂萬物之生。不生於一。必兩奇遇奇。偶遇偶。奇遇偶。偶遇奇方美。不然則非孤即寡。安能生育。務必立陽向則壹陽水來雜陰則凶陰水來立陰向雜陽則凶賴公淨陰淨陽之法如此而廖公用輔星卦辨來水公位其法大有深義專以向上爲主就向起輔看去來之水不拘生旺墓等法總要水從天干放不宜流地支合言則吉合凶則凶有歌云唯有輔星卦最依古今水法此爲先貪巨輔武四星吉破祿文廉凶莫占乾坤坎離四陽定震巽艮兌四陰判已上九星合成八一星一卦管自然卦值吉星從吉論卦遇凶星照凶言若是吉星入陽位凶神便入四陰前凶星若遊回陽內吉便入陰不雜偏但思一卦有數水陰陽莫紊

清切翻。乾納甲兮坤納乙。壬與寅戌離宮納。坎癸申辰納水音十二宮皆屬陽。立向收水莫逢陰。艮納丙兮巽納辛。東震納庚與亥未西兑納丁巳丑金。十二宮水皆屬陰陽水破局即凶星翻得離宮貪狼值其中寅戌與北壬合斷貪狼固是吉。四條豈無分別情一翻上起下落兮。二翻下起上落提三翻中起仍中落。四翻邊起邊落齊。輔武破廉起從向次將貪巨祿文移。初移左輔得官貴。慈恭孝友定可必。再移武曲富貴全。及第登科屆壽眉。三移破軍凶恭揚投軍家敗少年斃第四廉貞最凶狂橫傲欺詐忤且逆。五移從看貪狼星。生人孝友聰明竒。巨門第六吉星位衣食豐足倉庫積第七祿存多狂妄心性頑鈍僧道呪第八文曲好淫亂。虛詐顛狂多眼疾余遵考先賢註解。編成一類。以醒後學。隱秘難明之患因録歌兩解云星卦相配成一胎。無差無錯任君裁先變乾卦學中起。上兊下震小指排。無名指上坤與坎中指巽上艮低徊。上離下乾歸食指。一卦既定餘翻來。且乾坤坎離屬陽。乾納甲。坤納乙坎納癸申辰。離納壬寅戌十二宫屬陽。地盤謂之十二陽龍。天盤納水謂之十二陽水。巽艮震兊四卦屬陰巽納辛。艮納丙。震納庚亥未兌納丁巳丑。十二宮屬陰地盤謂之十二陰龍天盤謂之十二陰水凡有穴中看來水。陰水來立陰向。收之陽水來。立陽向收之先聖云陽向水來陽富貴百年昌。陰向水來陰。富貴斗量金當用翻卦掌翻之從何起輔武破廉。貪巨祿文以定之。如乙向就從坤宮起輔。坎上武兌上破震宮廉離上貪。乾宮巨。巽上祿。艮宮文之類餘卦皆然。古聖云。不迪易卦之變換。不足以言風水。余特錄此共識而張九儀水法吉凶。論九星定序。貪巨祿文廉武修輔弼定位。從艮宮起。故羅經艮註貪。巽註巨。乾註祿。離註文。震註廉。兌註武坎註破坤註輔巽以之審龍格變換砂體之方位確不可易此水法從輔起其序則輔武破廉貪巨祿文定位而二十四向各從向起輔依序定局。毋一水路。皆有輔武破廉貪巨祿文輔武貪巨吉。位破廉祿文凶。總之轉移妙用非言能罄

楊公九星以論水之去來。故萬水皆從天上來。以天盤收之。爲在天之九星。廖公九星以論砂。故曰龍須向地中行。以人盤消之。爲在地之九星。

廖公九星。太陽太陰金水。紫氣天財天罡。孤曜燥大掃蕩。楊公九星。左輔右弼武曲。貪狼巨門破軍

祿存。廉貞。文曲。

一子向上是真言二子脚路丙頭船。三子宮位处立。（向）孟白併青李何前。

翻卦掌訣式

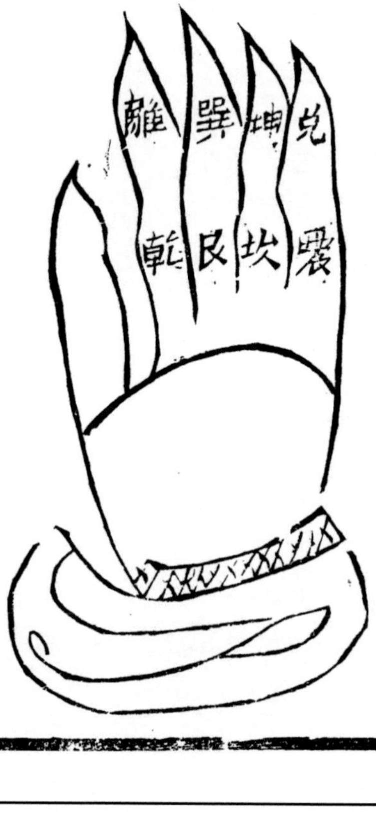

兑 震
坤 坎
巽 艮
離 乾

輔武破廉貪巨祿文

上起下落。下起上落。中起中落。邊起邊落

二十四位起向山。一掌翻來不用鬧。局內卦爻顛到用水之禍福淺機關

水法吉凶斷其法每從向上起。輔武破廉貪巨祿文。

輔弼水來最高強　房房富貴福壽長

輔弼水去退田庄　男妖女亡寡孤孀

此水朝來房房發達。唯三房最盛亡人屍骨潔淨

武曲水來發衆房　世代爲官近帝王

武曲水去血光死　男女離鄉走外邦

此水朝來長晚房人口興旺。子孫聰明寅午戌亥卯未年中房大旺。百子千孫。綿遠亡人筋骨乾淨

紫蔴盖棺之兆

破軍水來是凶神　先殺長子後殺孫

破軍水去大吉昌　為官英雄近帝王

此水朝來先敗長房田地人財官事牢連出人凶暴投軍作賊。女妖男亡子孫聾啞疾病巳酉丑寅午戌年應殘疾顛狂少亡淫亂酒色亡人骨骸黑色。木根繞棺。白蟻咬棺。

廉貞水來最難當　連年瘟癀起禍殃

廉貞水去最為良　富貴榮華定一房

此水朝來。大敗長房。亡人筋骨入泥。口開頭側左

邊棺槨木根穿有衣無蓋蛇鼠蟻虫作窠子孫眼
疾脚殘女産男亡少年孤寡吐血巳酉丑亥卯未
年中房退敗長房最凶且遠改之則吉

貪狼水來照穴場　人丁千口發衆房
貪狼水去好貪花　賣盡田地絕了家

此水朝來。先發長房後發衆房百子千孫見官星
即早發科甲若見田塘溪坑毛流小水富貴遲來
亡人筋骨乾净巳酉丑寅午戌應

巨門水來朝曲堂　兒孫世代主榮昌
巨門水去主離鄉　賣了田地走外邦

此水朝來房房發達多生貴子亥卯未年應百事興旺水去。子孫九流術人僧道螻蟻為牛生白子若是溪坑毛流小水子孫享福無疆

祿存水來敗長房　長房人口定遭殃

祿存水去大吉昌　富貴榮華歸長房

此水朝來先敗長房瘟火牛災退敗女妖男亡子孫聾啞亥卯未寅午戌年應若見田塘溪溝毛流小水。亡人屍骨入泥十五年白蟻蛇虫咬棺木根穿內

文曲水來起高峯　出人少亡主貧窮

文曲水去生隻子　田地家財次第隆

此水朝來小五中房先敗家業冷退女產男亡子孫聾啞懶惰顛狂投河自縊賭嫖淫亂亥卯未巳酉丑年中房退敗若見田塘溪坑毛流小水亡人屍骸入泥十二年白蟻食棺二十四年蛇鼠入棺木根纏筋骨

論水臨位

貪狼臨位永無災紫草生從脚下來舌面紅顏由尚在衣服恰似湛新裁

巨門乾淨起天壘穴内祥烟紫氣生因此兒孫多富

貴出人清奇又超羣
祿存宮見水中來翻棺倒槨最可哀不信請君開穴
看其中泥水更生災
武曲朝來最爲奇見孫金榜有名題若見水來從吉
位鐘鳴鼎食不須疑
破軍臨位不堪言竹木根藤繞棺纏又主兩頭蟻虫
聚屍骨棺槨俱難全
廉貞朝來蟻虫多蛇鼠穿棺自作窩屍骨損傷多黑
爛衆房子孫受磋磨
文曲星宮事若何流來穴前泥水多更生兩頭泥水

聚定知白蟻結成窩

輔弼臨位映穴場富貴悠久百事昌房房均發無尅損亡人精傑紫氣香

論天地定位四方所收之穴非艮德之家不可輕點

如乾山行龍從乾數之至丙十五數丁水來立丙向進二位是丁丙水來立丁向艮納丙兌納丁山澤通氣定位於南方

如艮山行龍從艮數之至庚十五數辛水來立庚向進二位是辛庚水來立辛向震納庚巽納辛雷風相薄定位於西方

如巽山行龍從巽數之至壬十五數癸水來立壬向進二位是癸壬水來立癸向離納壬火納癸水火不相射定位於北方

如坤山行龍從坤數之至甲十五數乙水來立甲向進二位是乙甲水來立乙向乾納甲坤納乙天地定位於東方

論驛馬水

申子辰馬到寅　陽見陽輔星爲巨門

寅午戌馬居申　陽見陽亦爲巨門

巳酉丑馬在亥　陰見陰輔星爲武曲

亥卯未馬在巳　陰見陰亦爲武曲

論相刑陰破陽陽破陰

寅刑巳巳刑申為無恩刑子刑卯爲無禮刑丑刑戌戌刑未爲恃勢刑　以上犯之主徒流斬絞禍敗之驗

論相穿六害

子未　丑午　寅巳　申亥　酉戌　辰卯

陰陽破局一名獨火煞又名冰消瓦解水來抱之主消財耗亡甚為可畏

桃花煞即四生敗地破局水

亥卯未鼠子當頭忌　木生在亥敗在子故忌鼠

巳酉丑曜馬南山走金生在巳敗在午故忌馬

此三局皆淨陰子午陽水來破即為桃花水若卯酉合局不忌

甲子辰雞叫亂人倫水土生在申敗在酉故忌雞

寅午戌兎從茅裏出火生在寅敗在卯故忌兎

此三局皆淨陽卯酉陰水來破即名桃花水若子午合局不忌

內盤立向而向之宜兼不宜兼者如

戌乾　壬子　子癸　丑艮　寅甲　乙辰　巳丙

丁未　坤申　庚酉

皆彼此互可相兼水路之可淒流者亦然內有午卯亥辛

而向不可相兼　　如

辛戌　乾庚　亥壬　癸丑　艮寅　甲卯　辛乙

辰巽　巽巳　丙午　午丁　未坤　申庚　酉辛

皆彼此不可相兼水路之不可淒流者亦然內有巽巳

酉辛八煞所忌

凡此不可相兼之向犯之則獨子與三子受殃人皆暗中被害而不知今特註明以免相兼之誤若左邊犯之則仲房受害右邊犯之則孟房受害水路流來亦然

先天八卦消爻煞以坐山來龍論水口坐山消水口則吉水口消坐山來龍則凶主子孫官非退財敗絕速應

乾甲壬消兌丁山兌丁消震庚山震庚消坤乙癸山

坤乙癸消艮丙山艮丙消巽辛山巽辛消乾甲壬山

後天滅爻煞吉凶與前同論消者窮滅者絕

乾甲壬滅艮丙山艮丙滅震庚亥未山震庚滅離山

離寅戌滅乾甲壬山坤乙癸滅巽辛山巽辛滅兌丁巳丑山兌丁巳丑滅坎申辰山坎申辰滅坤乙癸山

乃後天卦破先天卦位

收水納宫位

先賢卜地先看山次看水穴雖在山禍福在水點穴之法以水定之水動為陽山靜為陰故山為婦水為夫婦從夫貴水之應驗速如砂有關於二宅之興衰得水為上穴中見左右前朝先從發源現眼处納宫位到堂或三溝俱是陰水立陰向以收之或三四溝盡是陽水立陽向收之乃為成局或一溝陰水謂之四中失一無妨水總以發源處為的過宫水不必論或一概陽水立陰向即為破局萬不可陰陽相雜而水去宜流天干莫放地支先聖云萬水盡從天上去

尋龍雖向地中行。又云。山與筆筋好裝卦。水去之玄莫問方。下砂收盡源頭水。兒孫貫盡世間田

分合泥水斷

直硬不開鈕者孤陰。平坦無化生頭者孤陽。無包裹無分合者。主有泥水。並連落風者。先泥後水漏胎者先水後泥撞脉者。先泥後水脫脉者先水後泥。左缺右生右缺左生。打破太極圖泥水便灌進若深葬杳杳無益若淺葬底光穿。赤天帶氣生白蟻必有木根仰丸背箕真泥水。斷脚乘風水濕泥漏胎風蕩爛板骨龜頭鵝頸、主孤。殘有分無合一板水。有合無分一板

泥

論放水

乙辛丁癸神名小辰戌丑未小神表甲庚丙壬號中神子午卯酉中神照唯有乾坤艮巽方寅申巳亥大神當四維八干流皆吉若放支辰起禍殃富貴貧賤在水神水是山家血脉精山靜水動晝夜定水主財禄山主人是水流歸東大海唯有巽宮可去來第一識龍要識穴海裏尋珠爲上訣第二要識面前砂斷穴禍福定無差第三要識九宮水斷人禍福靈如鬼稍有禍福砂水斷貴賤還須龍上看

水法吉凶歌

收山出煞有何功破祿廉文要坐空貪巨輔武收人
穴何愁大地不相逢

七曜歌

大墓是破軍絕胎是祿存養生貪狼位沐浴冠帶文
武曲臨冠旺逢衰是巨門廉貞兼病死七曜一齊分

原真一書水法總以双山三合以水口為定向至於四局四十四圖八十八向余以編成歌訣以俟學者便覽易識

火局寅午戌丑正出乾乾亥庚酉放辛邊亥卯未壬出壬位再變乾亥出乾元

木局亥卯未戌正出坤坤申丙午且放丁申子辰庚放庚上再变坤申正出坤

水局申子辰未正出巽巽巳甲卯出乙定巳酉丑丙放出丙再變巽巳出巽順

金局巳酉丑辰正出艮艮寅壬子癸宮問寅午戌甲放

出甲○再變艮寅正消艮

詳論八干行龍四局合龍通竅陰陽配合夫婦同庫之源

西南丁庚行龍系巳酉丑金局金生巽巳沐浴丙午至養乙辰萬水俱從丑位上出水口○經云斗牛納丁庚之氣出解曰丙以丁嫁於庚丁為婦庚為夫庚金生巳旺酉丁火生酉旺巳仝庫在丑夫婦正配夫唱婦睢之義合成金局方有結作

東北癸甲行龍系亥卯未木局木生乾亥至養辛戌萬水俱從去口出經云金羊收癸甲之靈也解曰

王以癸嫁於甲甲為夫癸為婦癸水生卯旺亥甲木生亥旺卯同庫在未得夫婦正配夫唱婦隨之義合成木局方有結作

西北辛王行龍係申子辰水局生坤申養丁未墓水俱從艮位出水口經云辛壬會而趨艮也解曰庚以辛嫁於壬辛為婦壬為夫辛金生子旺申壬水生申旺子同庫在辰得夫婦正配之義合成水局方有結作

東南乙丙行龍係寅午戌火局生艮寅養癸丑墓水俱從戌位出水口經云乙丙交而趨戌也解曰甲

以乙嫁於丙乙為婦丙為夫丙火生寅旺午乙木生午旺寅同庫在戌得夫婦正配夫唱婦隨之義合成火局方有結作

使作用者須知出脉分水隨龍左右定三合過峽入首八干理氣方謂通竅若穴場墓前必以向山淨陰淨陽納水定向為要領

八干生死歌

陽生陰死陰生陽死陰陽生死堪輿秘旨皆生皆死不生不死錯亂生死其禍立至出滑生死太羅仙子

輔尾水法

横推真看納甲干支來水同八卦推

		輔	武	破	廉	貪	巨	祿	文
乾向	甲仝	乾	離	艮	巽	坎	坤	震	兌
離向	壬寅戌仝	離	乾	巽	艮	坤	坎	兌	震
艮向	丙仝	艮	巽	乾	離	震	兌	坎	坤
巽向	辛仝	巽	艮	離	乾	兌	震	坤	坎
坎向	癸申辰仝	坎	坤	震	兌	乾	離	艮	巽
坤向	乙仝	坤	坎	兌	震	離	乾	巽	艮
震向	庚亥未仝	震	兌	坎	坤	艮	巽	乾	離
兌向	丁巳丑仝	兌	震	坤	坎	巽	艮	離	乾

天盤縫針式

輔武貪巨四水朝來是陰見陰陽見陽合局吉

破祿文廉四水朝來是陽見陰陰見陽破局凶

十二白同乃陽

十二黑點屬陰

灣鈎兜轉冲射解照八字訣

灣者之玄九曲是也有去有來皆宜吉位雖位凶方亦無大害經云水到之玄莫問方是也最忌反背無情

鈎者或去或横過有砂鈎回曰鈎亦宜吉位凶位亦有禍福

兜者元辰水去而前砂兜之便佳多見發財但屬凶方亦生凶禍房分之應最忌逆胎反兜不吉

轉者水過去而復轉回或過去而成旋轉者皆是也有吉凶房位之應轉而有情多吉少凶最忌背穴

逆胎

冲者來水橫冲其穴是也大冲小冲皆不吉不論方位之吉凶但以方位驗災過之大小房分之長少也

射者直來之水向穴箭射之謂大射小射皆不吉須以方位之吉凶分辨禍之大小與房分所屬之應

解者凡高大水來蓋着低小之水曰解有吉水解凶水者則凶可化吉凶水解吉水者則吉亦成凶或水高來穴低見亦謂之解須辨吉凶方位

照者凡池塘坑坎水缸之類常積水而不乾者皆可

照之有吉有凶須要近宅照見方驗如有遮隔不驗假如水積於戌乾位上照了陽宅則蟻從巽方生起蓋照從對宮生蟻也百無一失餘倣此

凡宅墓前乾流元辰水最關禍福或陡瀉或直出或流入凶位災禍立見術家有法折之以位至五行生旺休囚爲主參合楊公七十二龍水法兼避木星局燥火方陰山放陰水陽山放陽水自小神流入中神中神流入大神位須從天干方位放出爲妙總以象吉二十四山所載放水方道門路爲準

孟白仲青季在前午水長利壬水仲利寅水季利

來水出口進堂照穴流來俱以侍立穴前眼之所見爲主納宮位過宮水不必論

王氏羅經透解上卷終

羅經序

蓋羅經之制，體精而用弘，字字入玄，畫畫隱妙。其中龍剖雌雄交媾之精，穴闡太極二五之秘，砂窮生死之奧，水徹明晴之神，辨晰差錯空亡煞曜，發洩來去貴賤之緘，別白星辰宿度吉凶，定四時動靜之機，而且層次井然，網象以心，支佗無窮，洵都絕緒，天地包羅萬象，體用兼備，而為天下萬世確乎不易者也。而世之業術者，每每泥於羅經層次，逐一分明選用，然抑思羅經之道，非聖莫作，非明莫述，溯古仁聖賢人，既已彰明其醒醒，可考各適其用亦奚用不由體去之為遺為果孰一弗用則往古聖賢甲巳筆則筆削則削無復有此條今列序其次是何用不由體妄襲魯魚罪焉恐莫夜晦冥独目自瞽也余不敏自儒學不遠得師口訣歸習堪輿三十餘年雖不能洩玄黃之精蘊濬地脈之神機劃鬼神之妙用察禍福之隱微而拋毬折衷顛識巒頭五吉四凶而內劫更挨審龍脈前胎息伏而外劫為神察生死之砂〻無遺理究明曠之形〻盡神機又閱十餘年承
恩簡俗陰陽學日有蜣〻憑識雜稱後於形書圖拋

見白方寸詩辭與羣弟已歲未歲幺舊苦心玩索猶恐備証狐疑由是歷嶺大川朝夕摘梓山靈穿芒鞋暴霜露隴顛去麓棘徑肆崖以及名墓郷塚備細考驗百無一失因此洗心潛玩將古聖先賢羣書錄載羅經隱旨會次一一醒解集成一帙名羅經透解以公天下後世使不致一誤再誤庶幾有體有用而仙機流芳於後不墜耳

白方寸詩

修稽山水謬羅經方寸寧知有監臨氣脈杳無龍去遠昰夜空指蟻水侵黃泉黯黯悲育骨化日貽

聡郎黑心若為饑寒行盜術最怜損德禍猶深朱夫子云有天理必有地理有心地必有陰地又云未登山頭地先看屋下人屋下人無福山頭地不靈山川有靈而無主屍骨有主而無靈丸是時師眼不開大地原待福人來

皆

道先三年歲次癸未蒲月朔日太原四合堂陰陽學訓術王道亨題於自適山房

序

夫羅經者可以契鬼神之妙可以會蓍龜之靈然人非三世。莫能造其玄。心非七竅莫能悟其奥故得道者宜秘。非其人者莫傳造之深。可以入道用之以呵通神。今時有一等庸術不使羅經者真是謬言亞世先賢制之與人造福不使羅經者術不觧其說。遠觀山之形勢星體歪斜。砂飛水走惡石巉岩。孤露帶煞四顧無情不必以羅經審察真無地者言也。 先聖云卦為宗廟悞人多。無龍無穴代如何認不裝成千般卦空閑無地落傾波。正此謂也若定真龍真穴體正方圓三吉六秀之地不使羅經者。迷其東南西北二十四山方位何定穿山透地之法何所依據則地吉塋凶眞是豪忽之差禍福千里。斯俗愚。人可笑可嘆故作用者奪神功於莫測惟深實道者能言之。設易卦湊合成胎龍穴砂水認君裁登山不裝諸般卦縱有福人地難開考証先賢起例三十六盤層次作用乘氣定穴。收放消納趨吉避凶。全憑羅經之功余編威羅經透解一書願與海內君子同志共相參而云爾

謌

包羅萬象惟秘肯參透玄機異味深昔得斯道幾艱苦。千萬不可傳匪人

四合堂著

羅經者葢取包萬象經緯天地之義測天地之靈秘符造化之妙用測天之用乃測山川生成之純駁以辨其地之貴賤大小者也正集所具乘氣立向消砂納水趨吉而避凶之妙用矣净陰净陽之位雖從後天而陰陽之原寔從先天之理凡學盤者所必知也其圓盤次序乾純陽而為天故居南土坤純陰而為地故居北下離内陰外陽日與火之象也居東坎内陽外陰月與水之象也居西兑一陰加二陽之上陰不能下故聚而為澤東南者大澤也艮一陽加二陰之上陽不能下故峙而為山西北者山祖也震一陽

奪於二陰之下雷象也雷起於春故震居東北巽一陰動於二陽之下風象也風急於秋故巽居西南雖然此亦後人之解也若　伏羲畫卦之初從一陽一陰兩畫疊成八卦之橫圖曲之以即成圓圖焉畫卦之始故曰無極而太極畫々從右起始先右畫一陽儀次左畫一陰儀陽儀之上再加一陽一陰而成老陽少陰陰者陽育陰也陰儀之上加一陰一陽而成老陰少陽少陽者陰育陽也再於老陽之上加一陽而成乾加一陰而成兌少陰之上加一陽而成離加一陰而成艮老陰之上加一陰而成坤加一陽而成

震少陽之上加一陰而成坎加一陽而成巽三才立而卦象成矣淨陰淨陽者二十四山之第一作用者也其原從先天八卦配洛書九宮之數而出乾南得書之九坤北得書之二離東得書之三坎西得書之七其數奇故四卦為陽所納之干支從之為陽也艮西北得書之六震東北得書之八兌東南得書之四巽西南得書之二其數偶故四卦為陰所納干支亦從陰也淨陰淨陽乃先天之卦氣而方位則用後天焉先天為體後天為用也　先賢貴陰者以四陽居四正其氣正而剛剛多則凶　且上下二爻純陰純陽九

六不冲和也四隂居四隅其氣偏而柔柔多則吉曰上下二爻一隂一陽有九六冲和之義也洛書縱横十六個十五數共合二百四十分每山十分頂足故曰三七二八分金之源也

新訂王氏羅經透解二卷

蜀東定邑陰陽學王道亨男子芳侄子鑑仝訂

槐　王方伯屏藩氏校訂

庭　王方桂屏封氏叅閱

國學王紹之　王太明　王方策

庠生虞際唐　舒光泰　沈再儒

國學刘先正　舒光瑞　舒光洲

滕承勳　藍元壽　舒宏貞

傒三元　陳萬金　沈通逵

蔣仕昊　高六也　田天聰

定邑

堪輿

同閱

譚廷仕　張大器　楊昌新
刘代武　刘代書　王慶有

校正

夫地理之道陰陽原自有準禍福亦不差移昔　黃帝造曆書以定歲月命大撓作甲子以配納音七政齊乎虞舜八卦兆自　伏羲指南定方隅之位河洛洩天地之奇地脉鍾山川之秀佳期奪日月之精色羅萬象道合乾坤古聖先賢毫無根出惟真龍確穴而應將相無種詛地而生地理一貫可知人間禍福真義精而理徵原錄諸書以昭明于同學焉也矣

鳳山書齋藏板

第十九層秘授正針二百四十分數

蓋二百四十分數其義出於洛書化四象縱橫十六個十五數洛書戴九履一。左三右七。二四為肩六八爲足五居其中化爲四象四象化一百二十分。太陽居一而連九四九三十六數。太陰居四而連六。四六二十四數共成六十。少陽居三而連七。四七二十八少陰居二而連八。四八三十二。共成六十分。湊成一百二十分。爲分金之源。兩邊共合二百四十分金縱橫十六個十五數。合成二百四十數。二十四山。每山皆得十分。洛書一九合十。二八合十。三七合十。四六合十。比分數見於二十四位。以作綱領也。再參一百二十分金。每分金管二分。合之平分六十龍共合二百四十分。爲數之節目也用此法以論龍。如甲子透地則本龍得四分之數居中爲主。左右添足三分兩個三兼四。湊成十分之數。却得七分在壬。三分在亥。所以甲子透地爲七壬三亥此法坐穴。如子山午向丙子分金則本位分金得二分之數爲主左右各添足四分。兩個四兼二。湊成十分之數却得八分在子。二分在壬。如前子山架丙子分金爲八子而兼一壬餘放此。三七二八之數唯盈縮六十透地及七十二

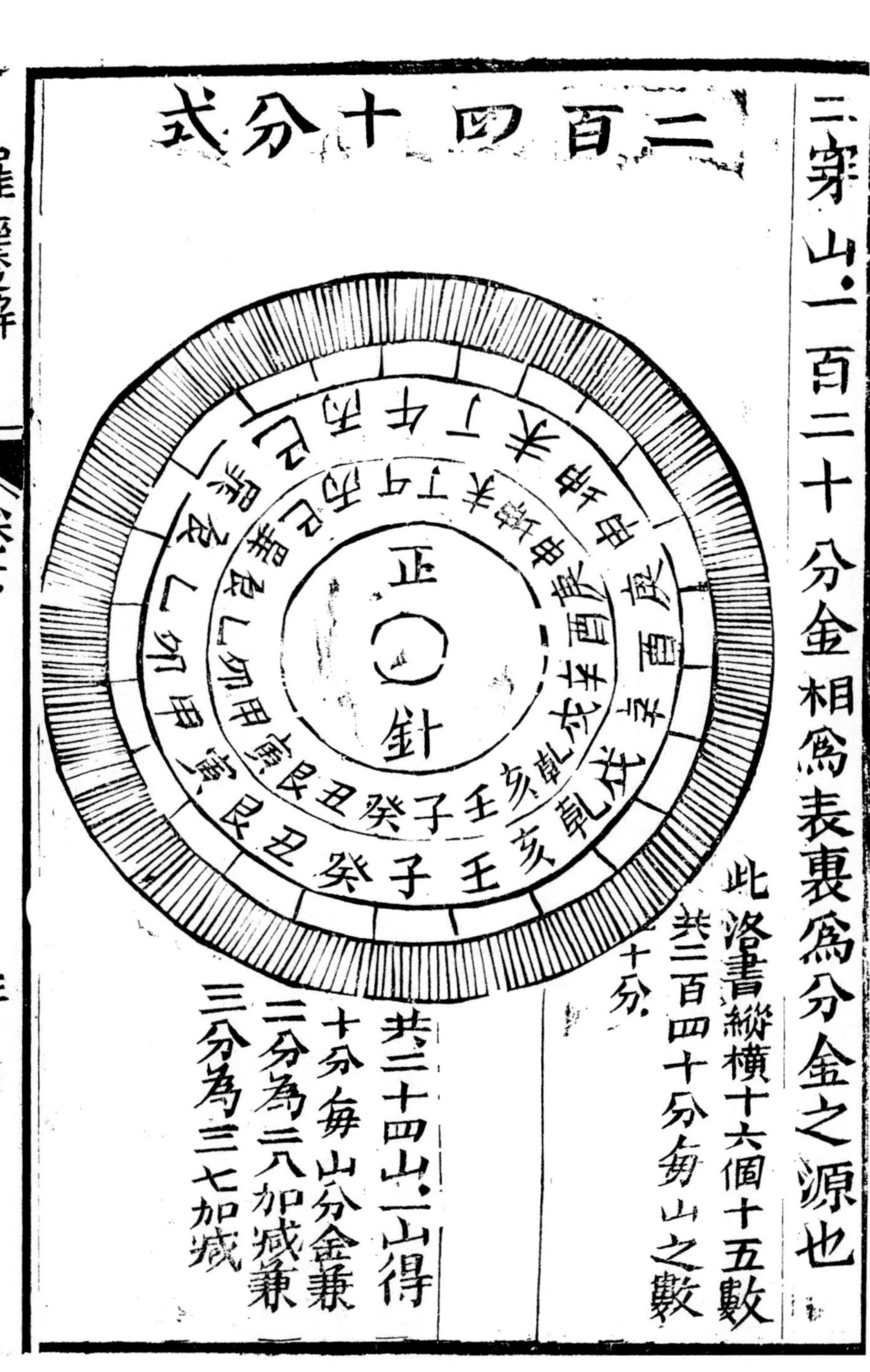

二百四十分式

三穿山二百二十分金相爲表裏爲分金之源也

此洛書縱橫十六個十五數

共三百四十分每山之數

十分

共二十四山一山得

十分每山分金兼

二分為二八加減兼

三分為三七加減

第二十層分金合內地盤爲二八加減

分金之說先聖言之詳矣先將子午定山崗卻把中針來較量更加三七與二八莫與時師道短長內盤二十四山名曰正針又名地盤內盤布振八方定位應歲月節候較外盤子午之位乃先內盤子午半位曰天盤曰縫針又名從針此天氣當從左轉而此盤之法因天氣當先前半月然後地物始應故天盤之子宰地盤之子前半位應天道運行之變爲加減之用所以洛書縱橫十六個十五數共得二百四十分如子午縫中每邊一百二十分金專用作穴定向每

亥分金有五吉凶不一如亥山一宮有乙亥丁亥己亥辛亥癸亥之別內盤丁亥分金爲二八外盤庚戌分金爲三七是亥山兼壬二分乃辛亥分金二八之說在此爲用所謂兼加之法也取丙丁庚辛爲旺相謂分金合得七十二龍穿山卦值九六冲和爲得卦之法也每支之下有五個分金獨取丙丁爲旺庚辛爲相避甲乙爲孤壬癸爲虛戊己爲煞曜正針分金不合叅合縫針爲三七加減之用若配卦一端則以六十四卦中除去坎離震兌四正爲陰陽對待名五行沐浴敗地坐向所忌將六十卦分配六十甲子以

頭孚復屯謙為序重之為一百二十分金之卦查其卦之飛伏以備選擇乘氣二者之用況三七二八其說乃四少之數陰陽生長之機四少者三七為少陽二八為少陰三為少陽位七為少陽數二為少陰位八為少陰數如子山午向兼癸丁三分在內地盤庚子庚午分金為二八加減外挾天盤子山午向兼壬丙三分丙子丙午分金為三七加減丙丁庚辛俱為生旺之氣上下孤虛龜甲不得相浸至於架線必於三七二八之間內外兩盤兼參作用縫針一百二十分金為偏正不使稍犯差錯空亡孤虛龜甲其用最

神總之一百二十分金中間空亡二十四分避龜甲空亡二十四分爲鬼煞二十四分僅得旺相三十六分金卦兩全十二分取丙丁旺庚辛相共四十八分爲吉穴避甲乙爲孤壬癸爲虛戊巳爲煞曜共七十二分爲凶穴其用總取三七二八分金作用

○分金穴剎煞歌

七命屬金須忌火火命尤忌水相闘木命逢金君更忌水命逢土不自安土遇水音最可畏犯之災禍實難當逢生生處須堪取受尅分金災終纏

內盤分金式

此爲二八加減

此二層分金在先天十二支中取義每支有五避去孤虛煞曜空亡不錄上截旺相二宮

第二十一層合外天盤分金爲三七加減

二十四山兼加乘氣架線分金以上分毫不可陰陽差錯先聖云亥無鱗甲用心安言亥龍入首左壬右乾不可侵犯宜乘本龍真氣入穴於亥之正中坐穿山巳亥爲戊巳煞曜宜偏一線乘右丁亥氣或偏左一線辛亥氣若兼左之癸亥一分是壬龍之步位溷亥龍取論也兼右邊乙亥雖在乾之步位乾宰位近亥乾亥共一家。故催官篇云天皇氣射天廐星徵挨禹獸加壬行天皇亥也天廐壬也言右落亥龍扦乾山巽向左耳乘氣在亥三分壬氣不得侵棺爲陽山取氣

法也

此爲三七加減

外盤分金式

内盤魁命用外盤外盤剋命用内盤

縫

天

針

盤

第二十二疊定差錯空亡

夫孤虛煞曜差錯空亡。共一百二十甲子分金內有四十八位爲旺相。又有七十二個爲孤虛煞曜。毫髮不可犯用。凡架線最宜細心力避之

凡察龍氣坐穴加減之用。其間並明暗溝頭撞命煞星曜黃泉。蟠行佈氣。推本山祿馬貴人到山。挨加三七二八相同。於內盤若剋命剋龍剋穴。以外盤三七爲用。

分金孤虛旺相煞曜式

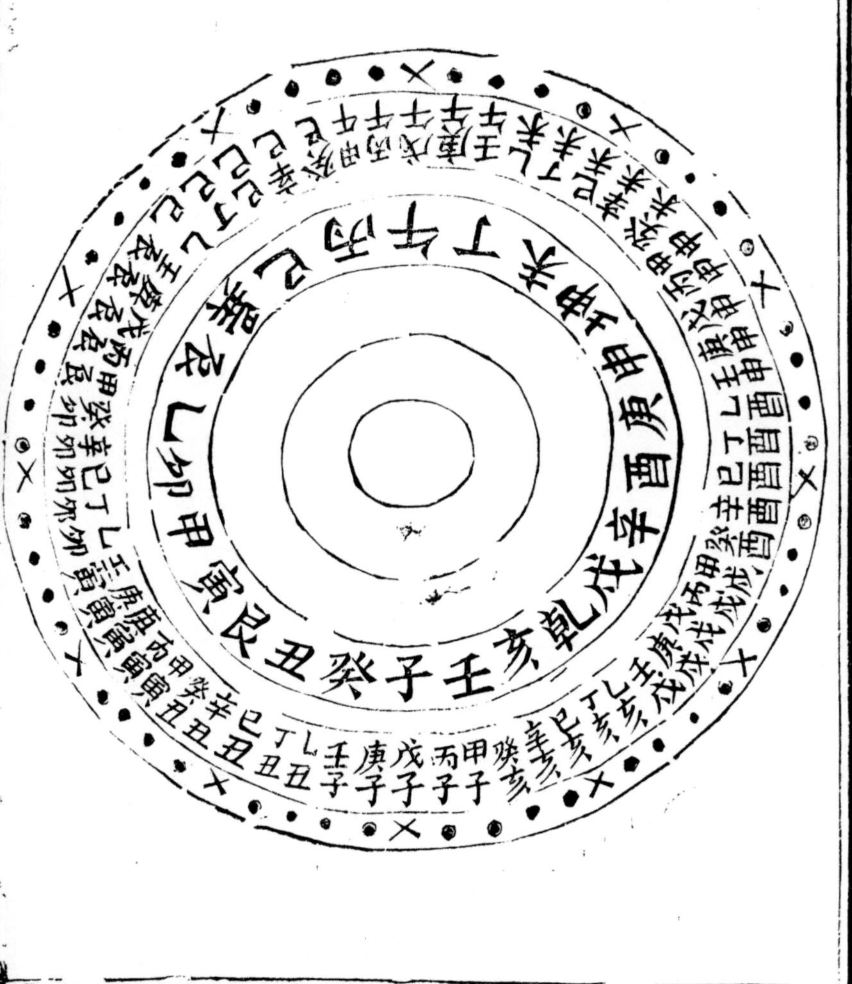

第二十三層分金爲地元歸藏配分金爲外卦

地元歸藏分金即先天坤之元氣屬右行坤爲地故曰地元帝出乎震震主動動即氣也氣即是乾天一陽生氣乾交於坤合成地雷復五陰爻坤土在上一陽爻乾金在下謂之重土埋金易曰坤以藏之萬物土中生土而入金爲戊巳土之子孫戊巳專分方非土之主能分派金子故爲之分金一陽生於子月至巳月六陽則乾之體備陽爲春夏長養之用極矣然陽極則陰生而繼之天風姤陰生於午月至亥月六陰則坤之體備陰爲秋冬肅殺之氣巳極矣陰極則

陽生而繼之以復乾。以六陽交感亥之六陰則萬物之始於壬。乾坤爲八卦之祖。而戊巳爲五行之宗。故十一月冬至一陽於子。乃地雷復爲坤逢雷地現天根。以配戊子龍。二陽生於丑。爲地澤臨。以配巳丑龍。三陽生於寅。爲地天泰。以配戊寅龍。四陽生於夘。爲雷天大壯。以配巳夘龍。五陽生於辰。爲澤天夬。以配戊辰龍。六陽生於巳。爲乾爲天以配巳巳龍。則六陽純全。而爲陽氣闔萬物生於春。而長於夏也。至五月中氣夏至一陰生於午。乃天風姤。爲乾遇巽時爲月窟。以配戊午龍。坤之六陰遇乾之六陽。天地交泰。自然品物咸亨彰明五月間也二陰生於未爲天山遁以配己未龍三陰生於申爲天地否以配戊申龍四陰生於酉爲風地觀以配己酉龍五陰生於戌爲山地剥以配戊戌龍六陰生於亥爲坤爲地以配己亥龍則六陰純全而爲陰氣闢萬物所以成終也蓋陰陽之氣始於春而成於冬故地元歸藏以配分金之源先從戊配子皆以戊己輪配總之乾坤至理不然元天八卦造化大權不離戊己所以五行妙用管攝花甲之要八卦五行岐而爲二矣先賢以六十卦配六十花甲統於戊己其法備而大要明矣聖人去得

金不得卦，謾自空談話，得卦不得金，空自苦勞心，如一百二十分金，取得旺相，爲得金，先天卦遇九六冲合，爲得卦，必金卦兩得，斯爲盡善盡美，且星卦有六十四卦，除去坎離震兌四正卦，以應春夏秋冬，一卦六爻，四六二十四爻，管二十四氣，以上六十卦，一月五卦，一卦管六日，六六該管三百六十日，以應一年七十二候之氣，在年管年，在月管月，在日司日，在山管山，至於作用，則有二法，與我朝　欽天監，造時憲曆，不離羅經者也，比一年即太極也，冬至夏至即兩儀也，春夏秋冬四象也，八節即八卦也，二十四氣即二十四山也，七十二睺為七十二龍也，五運為五行，即金木水火土也，六氣為六十龍透地也，三百六十五日，為周天三百六十五度也，去歲三十夜，對今春三十天為一年，去年冬至對今年冬至為一歲也。凡葉術理，龍穴砂水，未有合此三十六層，與人造福，宜細玩之。

分金地元歸藏卦式

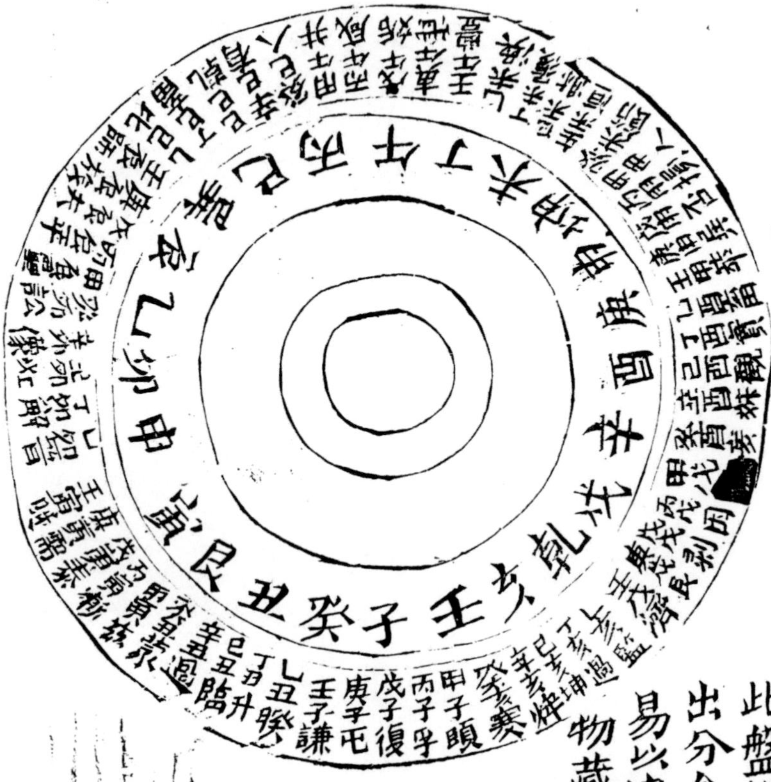

申 庚 酉 辛 戌 乾 亥 壬 子 癸 丑 艮 寅 甲 卯 乙 辰 巽 巳 丙 午 丁 未 坤

此盤從合地元歸藏而出分金爲外卦般得地統易以坤爲首坤爲地言萬物藏歸乎中也

第二十四層納音五行

蓋納音之義從十天干十二地支陰陽卦二相配而成六十。其中列五行則本卦納甲而取除乾坤二卦不用其餘震兌艮巽坎離諸卦各以納音之支合卦下所納之支而納音之干。數之至本卦納氣之干。記其得數九木。七金五水。三火。一土。如甲子納音金其法。納音子合震卦。所納之子。以納音之甲妓至震卦此納庚得七數爲金故甲子所以屬金而曰海中金者以子乃水之旺。而與丑土相依子爲湖海之象而金孕育丑土之中。故名海中金而九木七金五水三火二土之數又是一說如乾兌二卦屬金二卦七畫故七數為金震巽二卦屬木共九畫屬木坎水卦共五畫為水離卦四畫火氣憂其太盛洩一生土用其三爲大艮坤二卦屬土共十一畫然後五行生成之數只足於十而無十一之數除去十數只用一數所以一土亦從八卦納甲其義最精其用至廣均與透地穿山論龍立穴分金禽度取生尅用制化以辨吉凶或用之消納砂水並陰陽尅擇合先天平分六十分金論本音稽其宮位生尅旺相休囚何如丙子水音分在子宮比和為旺戊子火音乎宮受尅爲囚合

之坐穴論消納。如丙子水音坐穴宜未申亥子養生穴旺之方合之二十四山。一百二十分金取論官與音生旺相休囚之別亦與前先天六十分金取用之法則同。合之透地主龍如丙子水音龍不宜坐土穴分金亦不宜坐土度受尅之類宜水氣坐穴。分金禽度比和金氣生我俱爲上吉或我火氣爲財鄉。合之管局禽星以論生尅。如透地丙子水龍室火猪管局禽星受尅。已甚更不宜坐水度以重傷之類。如用之選擇遁墓運生尅如子山水氣逢甲巳年變戊辰木運忌金年月日時爲尅山之類如用葬命甲申水音忌一百二十分金中土音爲剌穴殺之類壬申金命住宅忌火音分金爲宅剌殺主命不利亡命甲子金音忌空亡火音尅金之類取用多端各宜避忌愼之愼之

論山尅亡命

丑壁上　三土原來怕木冲

生尅制化歌

外有三般不怕木　一生清貴步蟾宮
沙中劍鋒兩般金　若居震上便相侵
外有四金須忌火　斂沙無火不成形
水見天河大海流　二者不怕土為仇
外有數般須忌土　一生衣祿必難求
松栢楊柳桑柘木　石榴大林忌金刀
惟有坦然平地木　無金不得上青雲
覆灯爐火共山頭　三者原來怕水流
外有三般不怕水　一生衣祿近王侯

納音五行歌

甲子午乙丑未海沙中金
戊辰戌己巳亥大平林地木
壬申寅癸酉卯劒金鋒泊金
丙子午丁丑未澗天下河水
庚辰戌辛巳亥白釵蜡釧金
甲申寅乙酉卯泉大中溪水
戊子午己丑未霹天靂上火
壬辰戌癸巳亥長大流海水

丙寅申丁卯酉爐山中下火
庚午子辛未丑路壁旁上土
甲戌辰乙亥巳山覆頭燈火
戊寅申己卯酉城大頭驛土
壬午子癸未丑楊桑柳柘木
丙戌辰丁亥巳屋沙大中土
庚寅申辛卯酉松柏栢榴木

納音五行式

納音從先天八卦除乾坤大父母不數凡天干值子午丑未在震巽二卦推論酉卯寅申在離坎二卦推論辰戌巳亥在艮兌二卦推論

第二十五層十二宮分野

世人但知食祿有方，不知亦爲風水所致。假如一地或龍身星峯聳秀，砂水清奇，查其宮位係何方，便知食祿獲利歸何地。如艮宮則爲鄭分兗州地，爲官定食此州之祿。此砂水應驗毫釐不爽。且十二宮分野各有所屬，古今州郡異名。昔之國郡，今改各省府州，故分野不同，當考大清一統誌可知。

十二宮分野二十八宿歌訣

角亢氐卑辰屬鄭，宋房心中卯宮遊，尾火箕水燕寅位，牛金斗木丑吳流，女虛危當齊子地，室壁須知亥

衛牧奎婁兩宿纏魯戌胃昴畢趙酉宮求觜參申位
為晉界排來井鬼未秦州柳星張半周分午楚地翌
軫巳蛇頭

唯子午卯酉四正之宮得三宿餘宮得二宿而星
房虛昴四口宿謂之中星

十二宮分野州府定位

蓋龍之大幹皆發於崑崙上方下圓週圍一萬二千
七百里脉出八方分四大部州乾坤坎離兌五龍入
外國東勝神州西牛賀州北俱盧州唯艮震巽三龍
入中國乃南贍部州名三大幹龍黃河居震艮之中

黃河之左山西北直山東山西半河南皆艮龍之脉甘肅四川陝西長安湖廣兩江洛陽開封皆震龍之脉雲南貴州福建廣東廣西江西皆巽龍之脉此三大幹龍也以十二宮分屬州府則子宮古齊分青州在山東丑古吳越分楊州在浙江江西福建廣東寅古燕分幽州在北京卯古宋分豫州在河南大梁東京辰古鄭分兖州在魯地山東巳古楚分荊州在廣西湖廣午古周分三河在河南洛陽湖廣未古秦分雍州在陝西河南申古梁晉益州在四川貴州貴陽酉古韓趙分冀州在北京山西西京戌古魯分徐州

宋地河南亥古魏衛分并州在北京及河南朝歌

州府分屬

京師分盛京幽州順天府　南京金陵分安徽應天府

浙江揚州杭州府　河南豫州開封府　江西揚州南昌府

福建閩越福州府　湖廣分湖南荊州武昌府　廣東百越廣州府　廣西百越桂林府　山東青兗州濟南府　山西冀州太原府　陝西分甘肅雍州西安府　四川梁州城都府　雲南梁州雲南府　貴州羅施鬼國貴陽府

四大名山

崑崙山　須彌山　終南山　天臺山

天下五嶽

東嶽泰山在山東濟南府泰安州　西嶽華山在陝西西安府華陰縣　南嶽衡山在湖廣衡州府衡山縣

北嶽恒山在山西大同府渾源縣　中嶽嵩山在河南河南府登封縣

天下五湖

饒州之鄱陽在江西南康府　嶽州之青草在湖廣岳州府　潤州之丹陽在江南鎮江府　鄂州之洞庭在湖廣岳府　蘇州之太湖在江南

八卦分野歌

一坎冀州山西道　二坤湖廣是荆州　三震山西山東界　四巽徐州是南州　五中豫州河南地　六連乾上陝

西城七兑梁州雲南界八　艮山東孔聖門九離江西
連福建九州八卦定乾坤　南贍部州中華地五嶽五
湖其中分

十二宮分野式

外三十六
洞天七十
二佛地未
錄

人盤

子癸丑艮寅甲卯乙辰巽巳丙午丁未坤申庚酉辛戌乾亥壬

第二十六層二十八宿纏分野度

計其分度角十二度亢九度氐十五度房五度尾十八度箕十一度斗二十六度牛八度女十二度虛十度危十七度室十六度壁九度奎十六度婁十二度胃十四度昴十一度畢十六度觜二度參九度井三十二度鬼四度柳十五度星七度張十八度翼十八度軫十七度已上分野僅於十二宮上安二十八宿度數

二十八宿分野式

第二十七層逐月節氣太陽過宮

太陽為諸星之首衆煞之君象懸於天光照於地選擇查其到某山某向分金某之度下諸煞咸服但不為人造福用法有四如太陽到臨壬未將照亥謂之迎其將來為正照也到亥對照在巳謂之從向對坐為之對照也親臨本山之下謂之親照也亥卯未寅午戌申子辰巳酉丑三方吊合謂之吊照也大陽到亥則壬乾二山謂之隔照也凡論過宮只論中氣不論前節如正月十二雨水日纏娵訾之次月將則屬登明太陽方到亥宮又分位先十五日在亥次十五日

鷩驚蟄到乾太陽行度只有十二位而羅經中有二十四向所以用賴公中針入盤亥壬同宮戌乾同宮是每分度之多寡子宮自女八至危十五共二十九度爲玄枵之次亥宮自危十六至奎四共三十二度爲娵訾之次戌宮自奎五至昴六共三十二度爲降婁之次酉宮自胃七畢十一共三十二度爲大梁之次申宮自畢十二至井十五共三十度爲實沈之次未宮自井十六至柳八共二十七度爲鶉首之次午宮自柳九至張十六共十八度爲鶉火之次巳宮自張十七至軫十一共三十三度爲鶉尾之次辰宮自

軫十二至氐四共三十三度爲壽星之次卯宮自氐五至尾九共三十二度爲大火之次寅宮自尾十至斗十一共二十九度爲折木之次丑宮自斗十二至文七共二十七度爲星紀之次今按古時曆度數天道八十年一小變敬考我　朝時曆纏舍方爲準的太陽到山論一年月日時選擇之用也每取四大吉時爲神藏煞滅正四七十月宜用甲庚丙壬時二五八十一月宜用乾坤艮巽時三六九十二月宜用乙辛丁癸時爲貴人登天門然一日之用何謂登天門博諸通書內載陰陽貴人登天門以登明月將在

亥亥與乾同宮乾爲天門正月登明將在亥二月河魁將在戌一月一位右旋一周天只用四維乾坤艮巽時八干甲庚丙壬乙辛丁癸時謂之四大吉時四刻之位凡取貴人必尊太陽過宮到位方爲有力太陽爲君諸吉神爲臣用此四刻得太陽諸吉聚臨君臣慶會故爲貴人登殿到八干四維乃太陽宮舍郎爲天門也而七十二候內干維十二位謂之宮舍如行臨宮舍之類太陽月將降臨如衆臣巡到施德佈威凶惡皆避凡四大吉時每年地支三合諸煞遇此時刻皆没凡取天干時者如子時上四刻亥末丑三

正四即王初一初二刻爲四大吉時此此一時餘類皆同總之凡取時宜看每年時曆某日某時纏舍過宮爲用毫不差矣取太陽到山則一月之用月將臨日取時則一日之吉臨時余考羅經載有五層一層先録二十四氣二層内載登明十二將三層内載取訾十二神纏舍四層中則有亥宮初起爲婁魚十二宮舍宮舍者如太陽月將過宮太陽者人君之象月將十二星次若羣臣輔君則一月中氣移宮宮舍者如館驛安居居邑之舍也此層亦不可少取用五層力用二十八宿過宮則如某日某刻太陽臨宮纏次

考古來羅經未錄言則天道未有不改之曆查其時授曆之度數則有差移時師覽時憲曆可知然二十四氣太陽到山纏度總以中節爲定雨水至春分又參考古今曆數不同天時隨時損益並考統天開禧會元時授四曆四變不同因天道八十年一小變知邵子之差法以冬至之子爲曆元古載牛宿二度守神宗時載牛宿七度　大清初時載箕宿六度今時冬至太陽過宮載箕宿三度半查太陽到山羅經上面理應載五會余只錄四會前言天道隨時而變故未錄二十八宿一會請看每年曆書便知某日某

時太陽纏舍過宮以便爲用

葢太陽者星中之天子爲萬宿之祖諸煞之宗天無日則萬古長夜月星諸宿無日其體何有用者必查象吉通書曆數太陽正刻分金超神接氣纏度合二十四氣每節氣到山管十五日如交冬至日係箕宿四度起到戊寅山箕八度止中五日交斗宿一度到丙寅山後五日斗六度至十度到正艮山正宜此山造葬諸煞潛藏福自久矣業術者須詳覌象吉曆數太陽到山方爲準的正合每年七十二候作用

每日定曉絕論

日未出地二刻半而地上明即曉昏時日入地二刻半而地明即黃昏故晝常多夜五刻夜常少晝五刻說見前天文誌世人但知以昏明為晝夜不知日在已明後日入在未昏之內也

每日定論時上下四刻分數

日有百刻配十二時之數普天行之同晝夜百刻每時得八刻十時得八十刻又二時得十六刻總九十六刻所餘者四刻每刻分為六十分四刻該二百四十分布之十二時每時得八刻二十分故有初初刻

者一十分正初者一十分一時有五百分初初十分初二刻至初四刻各六十分共二百五十分謂之上四刻亦二百五十分謂之下四刻也一西洋曆一時八刻一刻十五分一時一百二十分十二時為一日共成一千四百四十分

每歲已三百六十五日零三時五刻二十分二十四氣一氣有十五日零三時五刻一十分四時春夏秋冬各分九十一日二時六刻弱也土分於四時各季旺一十八日三時二刻一十分強也共成七十三日零四刻四十分有奇

太陽行度過宫歌

立春太陽子上行雨水驚蟄壬亥尋春分清明乾戌上谷雨立夏酉辛臨小滿芒種庚申定夏至小暑坤未分支暑覔丁未巽至宫定丙上得根因白露挑來歸巳闞寒露秋分在巽艮霜降立冬臨乙卯大雪甲中冬至寅小寒丑宫大寒癸二十四氣定其真

太陽到山二十四氣式

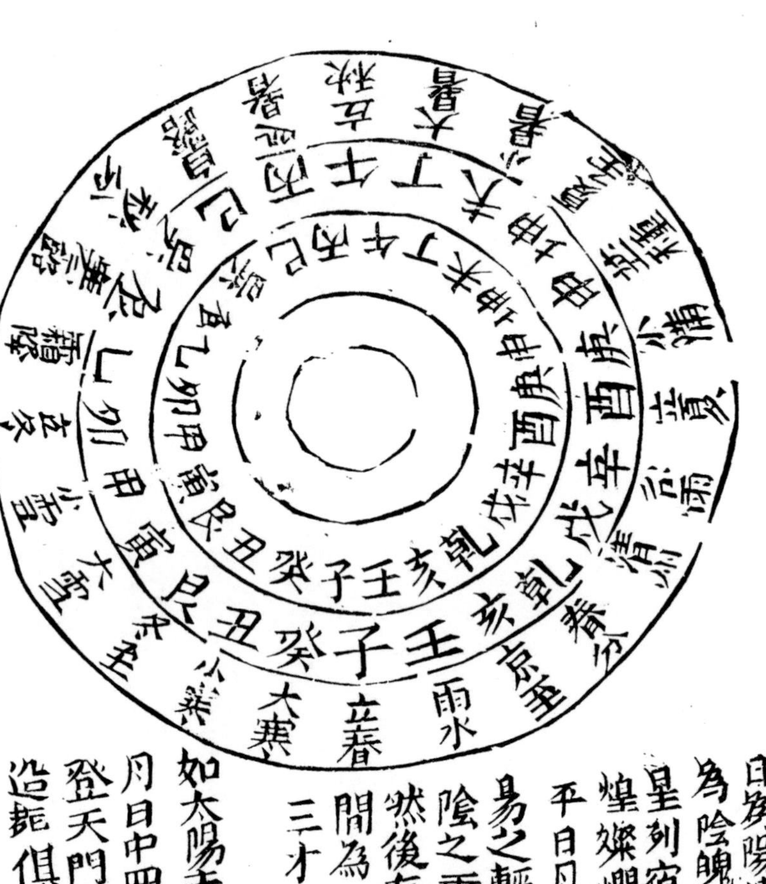

日為陽精照臨於晝月為陰魄光明於夜五星列宿懸象於天輝煌燦爛布列森羅配平日月故曰三光

易之輕清上浮而為天陰之重濁下凝而為地然後有萬物人生其間為万物之林故曰三才

如太陽未到山時僕伏每月日中四大吉時為貴人登天門謂之四煞藏没造葬俱吉

第二十八層亥建起正月登明十二將

壬亥娵訾登明將乾戌降婁河魁向辛酉大梁是從魁庚申實沈傳送上坤未鶉首月小吉丁午鶉大勝光治丙巳鶉尾太乙神巽辰壽星天罡職乙夘大大偤太冲甲寅折木功曹宮艮丑星紀屬大吉子癸玄枵神后同

定太道出没歌訣

正九出巳入庚方二八出兌入雞場三七出甲入辛地四六生寅入戌方五月生艮居乾上仲冬出巽入坤方唯有十與十二月出辰入申細推詳

登明十二將式

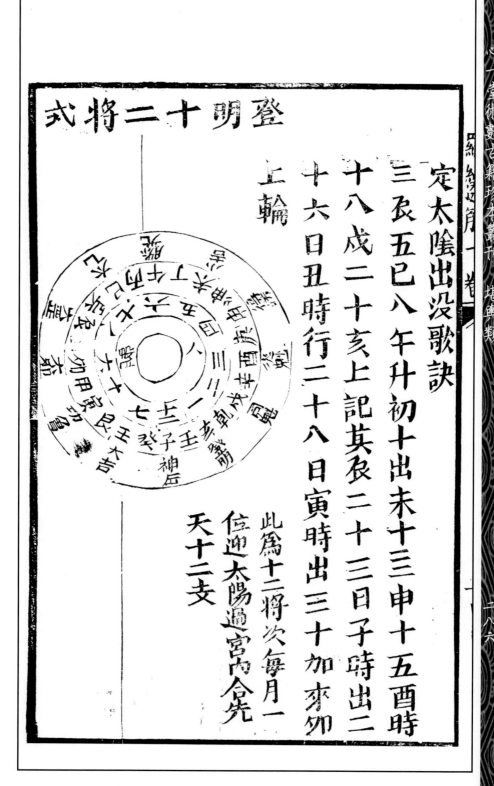

定太陰出沒歌訣

三良五巳八午升初十出未十三申十五酉時十八戌二十亥上記其良二十三日子時出二十六日丑時行二十八日寅時出三十加來卯上輪

此爲十二將次每月一位逆太陽過宮內合先天十二支

第二十九宿躔皆十二神纏舍過度

夫日者陰中之陽也其德至剛其體至健一年一週天而任天爲不及一度一歲之積恰與天會故日有三道北至東井去極近南至牽牛去極遠東至角西至婁去極中東道南道北道爲三也蓋極至於牽牛則爲冬至極之北至於冬、井則爲夏至南北極中則爲春秋分其行西陸謂之春行南陸謂之夏行東陸謂之秋行北陸謂之冬、故所以成陰陽寒暑之節也月者陽中之陰也其德至柔其體至順其行天所以佐理太陽驗之夜影以爲消息月本無光麗日而有明以不明之體言之則純陰其行天之度一月一週天與日會於辰次之所以為一歲十二會得三百五十四日九百四十分日之三百四十八分而與天會是為一歲也故月九道黑道二立冬冬至出黃道北赤道二立夏夏至出黃道南白道二立秋秋分出黃道西青道二立春春分出黃道東并黃道共為九道也故立春春分從青道分在甲度立秋秋分從白道分在庚度立冬冬至從黑道分在壬度立夏夏至從赤道分在丙度其日月會合之辰三合所照之方故為天德月德之星也

欲識太陰行度時　正月初一起於危

一日常行十三度　五日酉宮次第推
二奎三胃四從畢　五星井六柳張七
八月翌宿以爲初　龍角季秋任遊立
十月房宿作元辰　十一箕上細尋覓
十二牛女切須知　周天之度無善忒

二十四星爲十二神將以運北斗
盖十二宮舍用昏建者杓夜半建者衡平旦建者魁
春夏秋冬運斗極第一天樞第二璇第三璣第四權
第五衡第六開陽第七摇光第一與四爲魁第五至第

七爲杓合而爲斗如正月初昏則用斗杓指寅夜半斗衡指寅平旦斗魁指寅其日月所會之宮謂之月将逆行十二宮娵訾亥降婁戌大梁酉實沈申鶉首未鶉火午鶉尾巳壽星辰大火卯析木寅星紀丑玄枵子是也月建順行十二宮寅曰功曹卯曰太衝辰曰天罡巳曰太乙午曰勝光未曰小吉申曰傳送酉曰從魁亥曰登明子曰神后丑曰大吉月建運天道左旋爲天關月将禀地道　右轉為地軸

娵訾十二神式

每月朔望則日月起會故日藏於壬月藏於癸

此爲十二神纏舍從壬亥逆行十二宮

第三十層十二宮舍謂之舘驛與天帝天將合符交會叅論　天將即太陽也天帝即朔　也

天帝順行十二月布四時之令天將逆行三百六十五度宣八節之功大寒天帝司丑天將司子交會於丑子之間萬物成始成終易曰成言乎艮雨水天帝司寅天將按亥寅亥交符五寅輔艮東北之位也春分天帝司卯天將按戌卯戌交符甲乙符震正春之令也萬物發生易曰帝出乎震谷雨天帝司辰天將按酉辰酉交會萬物潔齊易曰齊乎巽小滿天帝司巳天將按申巳申交符辰巳輔巽東南之位也夏至

天帝司午天將按未午未交符丙丁輔離正夏之翁萬物皆茂易曰相見乎離大暑天帝司未天將按午未午交符萬物致養易曰致役乎坤處暑天帝司申天將按巳申巳交符申未輔坤西南之位也秋分天帝司酉天將按辰酉辰交符庚辛輔兑正秋之令萬物說成易曰說言乎兑霜降天帝司戌天將按卯戌卯交符陰陽相薄易曰戰乎乾小雪天帝司亥天將按寅亥寅交符戌亥輔乾西北之位也冬至天帝回歸北極子垣天將復命告功丑所壬癸輔坎正冬之令也萬物歸藏易曰勞乎坎觀此可見萬物造化隨

帝將以出入四六陰陽隨帝將而升降所關甚大所行甚顯如艮臣赤心以輔國聖王生道以治民理必確然發先聖之定論啟來學之階梯帝將之惠不亦厚乎天將天帝合于子丑之界會于午未之間

太陽十二宮舍式

此爲十二宮每月行一宮

此爲十二神將所居之舍太陽每月行一宮

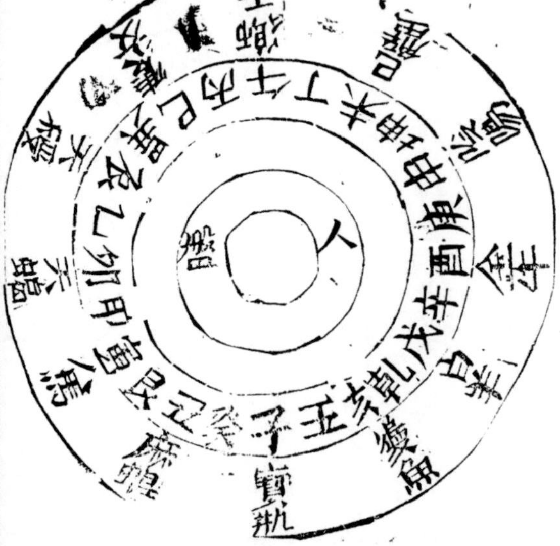

第三十一層二十四位天星應三垣局

世人愛把九星論說盡貪狼武曲尊常將兩字銷龍脉莫把天星亂指定夫九星者貪巨祿文廉武破輔弼二十四山取配以應三垣爲陰陽龍之貴賤理龍前已註明爲坐山二十四位天星垣局今詳列一山則在一位易曰天垂象見吉凶在天成象在地成形故天星下映二十四位砂有美惡地有吉凶所謂天光下臨地德上載知天皇上映紫微垣艮應天市垣巽應太微垣兌應少微垣此四垣爲天星之最貴者天貴映丙天乙映辛南極映丁合艮巽兌爲六秀又

天屏映巳爲紫微垣之对宮稱帝都明堂故亥巳合六秀又稱八貴玄居正南爲天地之中故吉唯紫微天市太微少微爲天星之四貴然四垣中唯紫微天市太微三垣有帝座是以立國建都必須合此三垣爲妙少微垣無帝座則建國立都不取以上諸星爲下也昔賴公云凡二十四龍惟有六秀何以言之以乾卦上爻一變則爲兌卦爲六秀也大哉乾元萬物資始乾爲八卦之首甲爲天干之首以坤卦上爻一變則爲艮卦以爲六秀也至哉坤元萬物資生坤納乙故坤亦應六秀立卦上爻一變爲震稱爲三吉坎

卦上爻一變爲巽卦爲六秀也所以離納壬寅戌坎納癸申辰皆有六秀只要山高砂明圓秀二十四位中皆出大富大貴之地俱出頂元二十四天星位次天皇亥天輔壬天壘子陰光癸天厨丑天市艮天培寅陰璣甲天命卯天官乙天罡辰太乙巽天屏巳太微丙陽權午南極丁天常未天鉞坤天關申天漢庚少微兑天乙辛天魁戌天廐乾爲之九星分爲二十四位天星以應垣局則知某山天星在某宮某垣局合位分野宮一路相連而知天星之妙矣

按天文誌中天北極紫微垣天皇之宸極太乙之

常居也北極五星正臨玄地爲天帝之最尊所以南面而治者也三光迭運極星不移孔子所謂北辰居其所而衆星拱之是也後有四輔四星居壬勾陳六星居乾天罡八星居戌華蓋九星居坎閣道五星居癸咸池五星居丑八穀八星居艮天將破軍四星寅内陛六星居甲司命六貴人在震三師三星在乙又有天理四星居艮五諸侯居巽内廚二星居巳四貴八星臨丙帝座二星居午大理二星居丁天槍三星居未女床三星居坤天棓五星居申陽德陰德二星居庚内屏二星居兌天乙柱史女史三星居辛有左

衛七相右衛七將以藩屏帝室泰階六符以輔治北十七政以翼垣此紫微垣垂象於天者也

二十四位天星式

人盤

子 癸 丑 艮 寅 甲 卯 乙 辰 巽 巳 丙 午 丁 未 坤 申 庚 酉 辛 戌 乾 亥 壬

天壘 陰光 天廚 天市 天棓 陰璣 天命 天官 天罡 太乙 天屏 太微 陽權 南極 天常 天鉞 天關 天漢 少微 天乙 天魁 天廄 天皇 天輔

第三十二層渾天星度五行

二十八宿分為七曜各有所屬而一宿之內又有五行金十二木十三水十二火十二土十二共六十一位與透地納音相為體用納音為主天度為賓如丙子水龍坐火度戊子火龍坐水度為煞又龍生度為泄度生龍為恩比和為得宜又坐度尅來水度吉來水度尅坐度凶故曰山尅穴者人多發福穴尅山者其家少祿穴來尅水財源積聚水來尅穴必遭荼毒蓋山尅穴者透地龍之納音尅坐下度也穴尅山者坐度尅透地龍之納音也穴尅水者坐下度尅來水

之度也水尅穴者來水之度尅坐度也此星度者爲二十八宿經緯度者由諸星躔垣而出合盈縮透地以及納音爲關煞斷曰金尅木癆傷土尅水癆瘵木尅土瘟瘴水尅火少亡火尅金災殃其天度在十二支中每宮五位子宮金火水金木丑宮土水金木土寅宮火木火金水土卯宮木金水土木辰宮火水土木火巳宮金木土火金午宮水土木火水未宮金土水火金申宮木火水金木酉宮土水火木土戌宮金土水金火亥宮木火土水木共六十一位其用不爲穿山透地分金作穴之一端而又取一歲爲七十二

睺每一字管六日六六共三百六十日寅宮多一木字則又管五日以全周天三百六十五日零三時今歲冬至對來歲冬至合算三百六十五日三時是為一歲之用也

渾天度數式

係諸星登垣與分金透地穿山相為表裏又合每年盈縮六十龍七十二睺

第三十三層坐山二十四向盈縮六十龍透地

盈縮之法。為坐山分金架線透地之異用也。穿山七十二龍羅經只載一層。合通書穿山為定。以六十透地經盤載有盈縮平分兩層龍用平分則巒頭八尺透地作穴。以分旺相孤虛煞曜為用。再無容辨矣用盈縮六十者是朱蔡二公辨之。大約取七十二候先天十二支之義盈縮考先天經盤。十二支亥未。起甲子與子鄰是氣已先至而不失之遲。又不失之大早古人積三十分而後起冬至甲子先後之序爲更妥又以八卦宮位言之。平分六甲。則每一卦分得七位。

半。合十五位而配成二卦。合三十位而配成四卦。合六十位配成一年而配成八卦。更無此多彼少。而卦位適均。此盈縮龍之卦配合盈縮六十龍。若宿度五行較論盈縮龍只六十位。宿度五行有六十一位一者位次分度各。相分合。以應周天六六之數。若盈縮龍抵六十位。宿度五行則有六十一位。透地屬天紀之作用。而天氣中不無月分之大小。月分雖有大小。至三年一潤。五年再潤。每月各三十日。每年各足三百六十五日時之數一年十二月。論之則分大小。自五年六十個月。每年三百六十五日三時。月大月小每年不足或小六日或小五日故三年一閏五年再閏合一年有七十二睺以閏月補之附積卦畫者小雪後陽一日生一分積三十日陽生三十分而成一畫故爲冬至一陽生小滿後陰一日生一分積三十日而成三畫故爲夏至陽積六畫而成乾乾當四月以足中氣謂之小滿者不可大也大則亢矣陰積六畫而成坤坤當十月謂之小陽春爲陽者陽不可無也無陽則純陰用事矣若國家長治而不亂戒盈而持滿崇陽而抑陰此平分六十龍合二十四山二十四氣七十二喉詳見象吉通書二十四山分金坐

度載有一疊卦側正合此盈縮龍作用之功也
一歲之序。分爲四時應乎北斗。斗柄東指在寅卯
辰。萬物發生於時爲春。斗柄指南。在巳午未。萬物
暢茂於時爲夏。斗柄指西。在申酉戌。萬物收斂於
時爲秋。斗柄指北。在亥子丑。萬物閉藏於時爲冬。
循環運轉無窮。

盈以應度
縮以應躔

平分六十龍透地式

此架線撥針合通書透地作用又與渾天度六十一字三百六十五度七十二睺相爲表裏

第三十四層合人盤二十八宿經緯度數

夫三百六十五度四分度之一必須定一百分以一度分作四分每分該二十五分故謂之四分度之一通合人盤消砂二十八宿分上關中關下關所載一三五七九單數馬子其餘二四六八十隻數未錄學者詳覽緯地盤二十八宿一層了然矣

三百六十五度式

正針地盤

子 癸 丑 艮 寅 甲 卯 乙 辰 巽 巳 丙 午 丁 未 坤 申 庚 酉 辛 戌 乾 亥 壬

此度合撥星干宿相爲表裏人盤消砂分初關中關末關在此耳

第三十五層定差錯空亡紅圈黑点爲用

夫孤虛關煞差錯空亡由一百二十分金重一六十甲子與穿山透地相爲表裏出自九六冲合八卦上下一爻相配如乾卦除中一爻上下皆屬孤陽而無陰配也坤卦除中一爻上下皆孤陰而無陽配也乾納甲坤納乙乃甲子一旬至乙亥此楊公冷氣脉如坎卦除中一爻上下屬陰孤陰而無陽配也離卦除中一爻上下屬陽孤陽而無陰配也坎納於戊離納於己戊己爲煞曜乃戊子一旬至己亥此楊公敗氣脉離納壬坎納癸壬癸爲虛乃壬子一旬至癸亥此

楊公退氣脉。艮卦除中一爻上陽媾下陰爻。兌卦除中一爻。上陰爻媾下陽爻。二卦陰陽冲合。艮納丙。兌納丁。丙丁爲旺。乃丙子一旬至丁亥。此楊公旺氣脉。震卦除中一爻上陰下陽。巽卦除中一爻上陽一陰二卦陰陽冲合。震納庚。巽納辛。庚辛爲相。乃庚子一旬至辛亥此楊公相氣脉。以合穿山透地作用也惟分每山有五金取丙丁爲旺。庚辛爲相戊己爲煞曜壬癸爲虛甲乙爲孤若二十四山。每山之數十分。共數二百四十分避孤虛煞曜者三分。取旺相者二分共避四十八位爲孤虛避二十四位爲空亡。只存四十八位爲旺相羅經四維八干正中一度爲大空亡七十二龍縫中一度。爲小空亡接空亡度下。作一七字。差錯度下作一了字。關煞度下作一乂字。了字抵穿山火坑。即差錯空亡。乂字即透地火坑。爲關煞每兩層分金有三紅圈。抵穿山透地四十八位旺相。分金爲珠寶此先賢一定自然之用

合穿山透地。兩層分金。縫中。載有紅圈黑点了义空亡。自然而用。

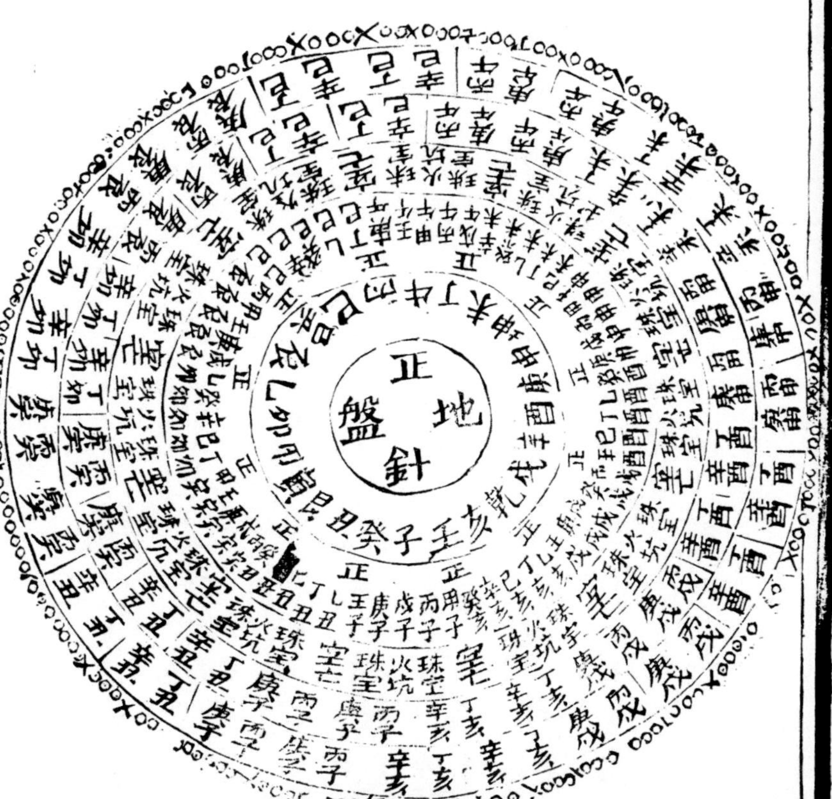

第三十六層 二十八宿配二十四山

蓋二十八宿。乃羅經周圍三百六十五度二十五分宮度分毫自然次序不混。每一度額定一百分。以一度分作四分。故一分該二十五分。謂之四分度之一。又有太度杪度。其太度與一度相等。太度九分半度與被度相同半度五分。少度六分。與半度多一分以太度言之每一度其間有不足一百分。如軫十八度九十九分。内少一分。此為不足一度者。又如危十五度九十五分。内少五分。亦皆不足一度者。所以古今之曆有四變不同。統天曆載女二度過子九十五分。

杪九開禧曆載女宿度九十二分杪九會天曆書
九十二分杪八授時曆載女九十六分杪三查古曆
其太陽出没堯時出箕度今時出虚度風氣厚薄遠
近不同故有多寡之異而　我朝之曆昭昭可考
余以歲差之理推之歷代無不改之曆而西洋曆法
於時憲正合因謂羅經宿度一盤應當改舊從新以
便收山出煞趋吉避凶為人間造福昔賴公以二十
八宿看砂正在此耳每方星有七宿而山只六山依
催官篇柳宿配丁星宿配午張宿配丙翌宿配巳則
軫宿一星無山可配而子午卯酉四正之地宜將日

月二宿婁配餘乃一山一宿方妥但配山又有初關中關末關分次如室火猪共十七度在星度則以初一二度爲初關八九度爲中關十六七度爲末關以節候推之逐日挨去則以十六七度爲初關八九度爲中關一二度爲末關足見經星度數與人盤消砂相通吉凶遲速俱在此中辨別其訣在中鍼人盤挨二十八宿分配二十八宿管二十四山巽角辰亢乙是氐卯山房心甲屬尾寅箕艮斗丑乃牛癸居女宿子虛危壬是室亥壁乾係奎戌婁辛胃酉昴畢庚居觜位申占参坤井未鬼求丁在柳中午星張丙翌巳

挨星二十八宿式

軫二十八宿

此挨星人盤合二十八宿統周天三百六十五度上中末關一山一宿唯子午夘酉四正取日月雙星配之消砂爲用乃天機妙訣也

人盤

遊年歌式

此羅經蓋面八宅用書遊年歌純八八六十四卦其理至微學者細詳頂門鍼了然矣

掌訣

兌　宮
坤　坎
巽　艮
離　乾

用翻卦掌五對接宮起生五延六禍天絕伏如乾山從兌上起生兌山從乾上起生坤山從艮上起生艮山從坤上起生翻至本山即伏位餘山五相類然

羅經蓋面

乾	坎	艮	震	巽	離	坤	兌
六	五	六	延	天	六	天	生
天	天	絕	生	五	五	延	禍
五	生	禍	禍	六	絕	絕	延
禍	延	生	絕	禍	延	生	絕
絕	絕	延	五	生	禍	禍	六
延	禍	天	天	絕	生	五	五
生	六	五	六	延	天	六	天

開門定方

羅經總論

嗟夫羅經之用至此盡矣地理之學無餘藴矣在上經天在下緯地萬象包羅至精至微苟能消息陰陽辨别吉凶則禍福不爽鬼神莫逃。大有益於人間學者其可不盡心乎。

旹

大清道光四年甲申歲夏五月　四合堂著

蜀東定遠縣陰陽學王道亨輯録

三月十五日
九天玄女聖設

地契印式

九天玄女聖母律令勑

九天玄
女聖母
律令勑

新訂王氏羅經透解卷三　　四合堂藏板

蜀東陰陽學王方智輯錄

雜覽緊要目錄

大清道光四年仲秋月鐫

梓人　王太明（蒲廷巷）　舒文魁（蒲廷臣）

地理之要必以龍穴砂水爲最苟不潛心玩索熟讀胸中則登山茫然不免空跡無據之誚即能尋龍補穴消砂納水終屬強辨以惑庸夫俗子耳今將先賢所註龍穴砂水錄載詳明以便後學之用

龍訣

地理之文繁且多請君聽我龍訣歌雖然微妙不能盡大綱大目皆包羅識龍難識死生訣不識死生無定說屈曲活動龍之生蠢粗硬直龍死絕東扯西拽龍翻花分枝劈脉龍鬼脚尖利破碎龍帶煞歪斜倒側龍魂拙無峽無從龍孤單坦蕩平夷龍放岡分牙

露爪龍尚行藏牙縮爪龍已停天弧天角龍欲渡峰
腰鶴膝龍已成峽脉短細龍束氣陰陽分受龍結地
斷而復斷龍脱煞穿田渡水龍過峽中心出脉龍穿
帳尖圓方正龍入相直來直出無曲折死鰍死鱔不
結穴起不能伏伏不起此龍怯弱無力矣起而能伏
伏即起此龍氣旺力無比貴龍重重穿出帳賤龍無
帳空雄強貴龍多自穿心去富龍只從旁生上帳幙
多時貴亦多一重只是富豪樣龍有雌雄雄號成龍大
小粗細自不同水有雌雄龍成穴左交右界有分合
世間萬物要雌雄單雄單雌無配合高大爲雄低爲

雌雌雄交會方融結大山忽小粗中細先雄後雌當熟視小山忽大細中粗先雌後雄必結地龍若結地上星辰尖圓方正自分明三吉即是尖圓方結地自然分陰陽陰陽不分不結地何用誇談砂秀麗龍有變化誠莫測或顯或隱認不得勢有佯詐之多端虛花奇怪真難識龍有機關之妙巧藏踪閃跡難尋覓或有喜怒之非常奇怪令人無主張時師不識喜怒體聞予大言皆笑取崎嶇嶮峻龍之怒頭躍翔舞龍之喜假龍多翻作喜穴喜穴人見多歡喜左右灣環來相抱前賓後主不相照穴中甚好盡不成外山外

水盡無情應滦真官鬼假峽室無情不相惹左右或高又或低背內面外誰得知時人知此花假穴墊後錢財湯潑雪不知龍身又帶殺堪笑時師眼如瞎真龍專一結怪穴怪穴人見嫌醜拙界合自分明定有陰陽分竅突龍虎左右或不全時師便言房分偏不識外山隨水抱救得房分俱一般龍真穴拙不能識墊後富貴無休息不知龍身多帶貴穴中醜拙有何害凡是真龍正面來身雖屈曲頂不歪撓棹却是蜈蚣脚兩兩成雙相對着一心一意戀結穴並不斜反顧贍別真龍定然有迎送夾從纏護無缺空龍若無

纏又無送縱有真龍不堪用纏護愈多愈有氣衆山衆水來會聚渾如大將坐中軍羅列隊伍俱整備若是纏護側面走一邊無棹一邊有頂面常顧真龍身不敢拋離閃處行撓棹向後龍尚去撓棹向前龍已住向前爲順向後逆逆則凶兮順則吉邊順邊逆旁分偏邊有邊無護纏環帶倉帶庫是富龍帶旗帶鼓是貴龍倉庫旗鼓兩邊帶富貴雙全真可愛若龍專看龍過峽峽與穴情一般法過峽有扛則有護免被風吹脉脊露過峽無扛又無護風吹氣散龍虛度過峽宜短不宜長長則力弱氣已殘過峽宜細不宜粗

粗則氣溺穴已無過峽宜狹不宜濶濶則氣散龍力乏過峽一線短又細蜂腰鶴膝束氣聚束得氣聚方結穴氣束不聚亦枉顧硬腰過與仄角中或者結地猶堪下軟腰過若不堪裁氣若無力束不來要識束氣不束氣萬物結菓先有蔕要識結地不結地請君但看吹響器入氣孔大氣亦散入氣孔小氣則聚聚則能響散不響方知結地不結地左右有扛龍虎全左右無扛無龍虎倉庫拱峽則主富旗鼓拱峽登雲路倉庫旗鼓兩边拱富貴雙全定不誤金冠霞帔主女貴法器鼓笛僧道類若是真龍足登雲天生奇怪

佔中間衆山面面皆回顧唱喏排班列兩行卻有朝
山在面前端然正立若朝參天心十道無偏倚當申
正對面前莫流神屈曲抱尖圓應樂枕對出元然纏
護從托辨假真朝出無從托龍身朝山直來身少曲
真龍屈曲不朝入貪巨武能富貴局旗鼓倉庫相隨
逐金箱玉印面前排蜂屯蟻聚堆金谷易旒龍定出
侯王四神八將盡歸降二十八宿皆全備千山萬水
盡廻環此歌能勝疑龍經熟讀其中意味深更加眼
力精靈妙便是曾楊再世生

穴情

識龍固難當識穴穴中玄妙難僃說二五精英真造化天命神功可攺奪來龍不論短與長但看到頭之一節五星唯取木土金名曰三吉爲結穴巒頭明淨體豊肥頂圓身正始爲奇開挣展翅便結穴身與衆山堂各别上開八字以遮風下開八字以蓋穴大八字分龍虎合界定龍脉無扯拽小入字分穴下合界定真氣弗漏泄名曰大口出小豆定然穴從小口出上無分分來不真內無生氣可融結下無合分止不明外無堂氣可愛接上有分分下有合雌雄交度方成穴真穴天生百奇異定有陰陽分窩突陽來陰受窩

中突陰來陽受突中窩突中復突是純　陰窩中復窩
純陽出孤陰不成理自然孤陽不生豈　虛說孤陰女
子無夫婚孤陽男子無妻妾女子無夫　何有孕男子
無婦終孤絕陽必配陰陰配陽陰陽配　合始爲良上
陽下陰陰中扦上陰下陽陽內藏陰多　陽少莫湊毬
陽多陰少湊毬間陰陽中半中間取片　陰片陽挨過
陽陰盛陽衰則就弱陽盛陰衰則就強　動處是生靜
是死棄死挨生生處裝戳穴既已識真　的須辨龍脈
之緩急龍急脈急氣自急塟急鬬殺人　絕跡放棺避
毬而湊簷拖出毬外四五尺氣使臨頭　不合腳眠乾

就濕真法則氣急理合作虛粘疊土爲　堃接來脉古
蜓烟消氣尚浮虛簷雨過聲猶滴龍緩　脉緩氣亦緩
堃緩脫脉退財産放棺避簷而湊毬進入七寸急其
緩氣使合脚不臨頭仙傳穴法不虛擲撲面水底真
奇特漏泄天機免惑疑舌尖堪下莫傷唇齒隙可扦
休動骨龍急脉急氣却急湊急當鏬堃不得未免鬪
殺與冲刑有禍來時救不及亦須湊簷而避毬拖出
三尺緩其急氣便臨頭又合脚架折逆受氣耳人斜
枕案山不對頂避風走殺回天力龍緩脉緩氣却緩
堃緩冷退如反掌宜於稍急去扦穴急緩相停方得

訣亦須避簷而湊毬進入五寸氣方接此亦合脚不
臨頭順來順受非架折又有陽多無竅只有微痕
分界合石從水底生紋痕全憑眼力方能決坦然此
子後微凸草蛇灰線難辨别兩片蟬翼渺茫砂界股
蝦鬚微抱穴此水有影却無形凸上分開凸下合點
穴只點水界間上不可透下莫脫亦有陰多此此凹
如酥如湯認不切兩片牛角隱隱砂夾滴盤眼穴中
出此水有名無証佐隱約盡處穴迎接點穴既識挨
竅突須知扯拽氣漏泄龍虎兩邊要護衛第使漏胎
並吐舌中乳若高龍虎低露胎吐舌當點檢莫言截

去便無坊須知原跡波包藏截乳必定傷來脉鬬殺冲刑灾逼迫扯拽亦須知要訣看他氣脉如何出氣已入袋若扯拽雖扯袋內氣不泄氣未入袋若扯拽扯去袋內無些末中乳若重龍虎輕雖然扯拽氣猶存本身若輕龍虎重扯去氣少無些用龍穴但要有界合設一不界氣則泄界穴設或不界龍還因去住夫貴分界龍設或不界穴總然一片無分合界龍界穴兩無疑融融生氣穴中居有人葬乘生氣者富貴榮華定可期

砂鉗

論砂容易不爲難總在明人眼界間古怪巍峩猶未善崎嶇嶮峻未爲良倒仄歪斜非吉兆祖雄突兀總凶頑破碎稜層爲刼煞斜飛走竄盡凶殃刼山照破全無地凶煞加臨禍莫當尖圓方正名三吉秀麗清奇曰好山明淨自然聚福德端圓的定降禎祥圓者不宜粗壅腫尖者最忌瘦巉岩破在吉方多不吉秀居凶位福亨昌生砂柔軟如弓角死砂硬直似刀鎗貴砂尖利圭笏筆富砂圓正庫厨倉聚米鏁錢富而巳衙刀毬杖貴難量富則銀瓶并盞注貴兼玉印與金箱蟻聚蜂屯財谷地旌旗踏節姓名香石壁稜稜

爲刼盜鎗旗簇簇出强梁順水順砂名退筆墓宅逢之皆不吉縱有良田過萬頃房倒房興終不一逆水之砂曰進神向剪財頭財便興若有數重俱逆揷房房家業日光榮一砂竄走一砂飛蕩刼家財鬻住居更有外山背走去路死他鄉不見歸砂若直來如射箭家遭凶禍年年見左長右三中次房次第推來應有驗龍虎須教曲抱身昂頭踞足恐傷人邊直邊彎尉直分邊無邊有有房興外砂來抱無空缺千孫百子一般均妬主孽拳人忤逆拭淚趨朒損少丁莫教齊到灘尖利仝胞弟兄也相爭青龍若竄過西宮長房財

産蠱皆空白虎竄兮幼小敗兩宮禍福一般同過官頭轉無妨碍此房人産反豊隆玄武吐舌名退筆必主中男破敗凶龍虎裏面小明堂須令潔與平寬蕩若有砂墩並石塊瞎脊産難見刑傷外堂也要地寬平勿使凶砂碍眼睛最怕離披並敗亂偏嫌混雜不分明形似蝦蟇人氣頭狀如屍臥婦人淫猪腈須防抄括專羊蹄忤逆亂人倫馬腿牛臂若不識鵝頭鴨頸暗私情提籃乞食沿家唱灰袋烟包設火星倒杵東瓜招腫脚百結鶉衣徹骨貧朝山遠近要相當不宜主弱對賓強近宜低小尤爲美遠則高大最爲良

唯是有情無別意方爲真意可朝扳若是無情不相
惹秀如圭璧也虛閑露體献花真是醜蛾眉粉黛賣
朱顏探頭仄面男爲盜閑脚掀裙女犯姦富貴雖然
係龍穴秀氣須應在朝山筆架科名應有分滿床牙
笏世爲官金鑾玉檢翰林院玉几金爐學士班玉臺
縣令知州職玉屏駙馬執朝綱席帽模糊皆歲貢緑
袍堆積坐皇堂文筆聯珠并展誥舉人進士定聯芳
五鳳樓臺具述有狀元榜元探花郎

水法

水法最多難具述畧舉大綱釋迷惑世傳卦例數十

家彼吉此凶用不得一行禪師術數精欲與中國去羶腥乃爲唐朝畫火計故意僞造滅蠻經宗廟五行從此没顛倒顛來假混眞亥水艮土反爲木坤土震木反爲金辛金巳大以作水乙木兌金作火星當初主意滅蠻國而今反誤中華人以訛傳訛不能辨因此五行俱錯亂常覆人家舊祖墳據此水法斷不驗合者人家財産退不合之家反富貴所以眞龍與眞穴至今尚在不能滅自然水法君切記無非屈曲有情意來不欲冲去不直横不欲返斜不急横須逆抱及灣環來則之玄去曲折澄清停蓄定爲嘉傾瀉急

流有何益八字分開男女淫川流三派峯欹傾急瀉急流財不聚直來直射損人丁左射長男必遭殃右射幼子受恓惶若然水從中心射仲子之房禍難當掃脚蕩城子息少冲心射脇孤寡夭反亂人離及退財捲簾塡房與人贅澄清出人多聰俊汚濁生子皆愚鈍大江朝來田萬頃暗拱爵祿食五斗飄飄斜出是桃花男女貪淫敗破家又主出人好遊蕩終朝歌唱逞奢華屈曲流來秀水朝定然金榜有名標之玄流去無妨碍亦出聰明俊偉郎雖然不得狀元第也出清奇翰苑香水法不拘去與來但要屈曲去復迴

三迴五轉吉顧穴悠悠眷戀不忍別稍可禍福砂水斷貴賤還須龍上看龍若貴時砂水貴龍若賤時砂水賤砂是闌中之美女貴賤必然從夫主水如陣上之精兵要決勝負在將軍唯有六秀合正經兌丁艮丙及巽辛墓宅逢之皆大吉自然富貴旺人丁述此一篇真口訣讀在胸中皆透徹免惑時師妄談禍福無福有須當別

並搜録先賢註明緊要捷訣

地有十緊要

一要化生開帳　二要兩耳插天　三要蝦鬚蟹眼　四要

左右盤旋五要上下三停六要砂脚宜轉七要明堂開睜八要水口關欄九要明堂迎潮十要九曲廻環

十不塟

一不塟粗頑塊石二不塟急水灘頭三不塟溝源絶境四不塟孤獨山頭五不塟神前廟后六不塟左右休囚七不塟山岡撩亂八不塟風水悲愁九不塟坐下低小十不塟龍虎尖頭

地有十富砂

一富明堂寬大二富賓主相迎三富龍降虎伏四富朱雀懸鐘五富五山高聳六富四水歸朝七富山山

轉脚八穴嶺嶺圓豐九富龍高抱虎十富水口緊閉

十貴砂

一貴青龍雙擁二貴龍虎高聳三貴嫦娥清秀四貴旗鼓圓峯五貴硯前筆架六貴官結覆鐘七貴圓生白虎八貴頓筆青龍九貴屏風走馬十貴水口重重

十貧砂

一貧水口不鎖二貧水落空亡三貧城門破漏四貧水被直流五貧背后仰瓦六貧四水無情七貧水破天心八貧潺潺水笑九貧四應不顧十貧孤脉獨龍

十賊砂

一賤八風吹穴二賤朱雀消索三賤青龍飛夫四賤水口分流五賤擺頭撓尾六賤前后穿風七賤山飛水走八賤左右皆空九賤山崩地裂十賤有主無賓

二十八要

龍要生旺又要起伏脉要細穴要藏來龍要真局要緊堂要明又要平砂要明水要凝山要環水要繞龍要眠虎要纏龍要高虎要低案要近水要靜前要官後要鬼又要枕樂兩邊夾照水要交水口要閉欄穴要藏風又要聚氣八國不要缺羅城不要瀉山要無四水要不返跳堂局要周正山要高起宜熟記之

二十六怕

龍怕凶頑穴怕枯寒砂怕反背水怕反跳穴怕風吹山怕乾枯破碎水怕牽牛直射砂怕送水走竄水怕反局怕傾瀉蚓怕搥胸虎龍怕壓穴堂怕反斜前怕枯棄後怕仰瓦窩穴怕頑悶山峯怕八煞水怕兼八煞山怕坐滅鬼水局怕黃泉龍虎怕斷腰明堂怕野曠穴前怕疊胎來脉怕乘煞高怕傷土牛低怕脫氣脉脉怕露胎風怕刼頂水怕淋頭又怕割脚穴怕乘風棺怕挨死龍怕起浪虎怕竄堂羅經上面怕攙金立穴乘氣怕大坑

二十二好

龍好飛鸞舞鳳穴好星辰尊重砂好屯軍擁從水好生蛇出洞龍好不換正星穴好凶星藏屏砂好有朝有映水好如蛇過徑龍好迎送重重穴好遮藏八風砂好屯起千峯水好形如眠弓龍好卓筆頓鎗穴好四正明堂水好朝陽秀江龍好僧道坐禪砂好如人卓拳水好如弓上絃龍好有蓋有坐穴好有包有裹砂好有堆有埒水好有關有鎖

論平枝山谷心傳屢試驗

凡陽基與陰地一同但看大小與傍城借主並橫龍

可居之耳至於結穴之砂不論平枝山谷只要寬舒平坪爲上必要貼身兩砂𡍣抱以收微忙真水不散則內氣融注發福無疆然貼身兩砂不必拘其大高但高尺寸亦有千仞之力縱外于仞不如也余常見山谷暘基多是窩鉗發福最速乎洋亦要開口發富極順益以其關氣不散故耳經云平洋不開口神仙難下手必正順來開口真恐爲氣之水窩也不可細辨至於中起横關垂氣借主又以下砂抱裹不可拘其開口是在心悟

論貴格貧賤好歹

青龍背上馬鮀人長房必定入朝廷白虎背上馬鮀
人三房必定出公卿對門山若馬鮀人二五八房貴
子孫青龍星峯入雲霄兒孫金榜有名標太乙貴人
連筆登長房子孫出公侯白虎生峯插雲霄生峯擺
尾得堅勞必主三房人中舉金榜題名狀元豪對山
文筆起數峯天乙太乙入雲霄只要文筆多青氣弟兄
聯芳中得高定作北京名御史天下揚名着錦袍青
龍一砂走如飛去人一去永不回若是尖鎗爲賊死
屍骸拋露在荒坵白虎去硬去不回此砂生人最不
乖熟讀真假如神

看官鬼禽曜

生於案山背後者爲官官要回頭不可太聳聳則凶穴生於主山背後者爲鬼鬼要就身不可太長長則截氣生於水口中間者爲禽有小山小石有情向穴者吉生於龍虎肘外者謂曜有小山小石峙立有情向穴上者吉無官則不貴無鬼則不富無曜則不久無禽則不榮無官無鬼無禽無曜乃是虛花無下手之處

論四正

龍無正星不觀穴無正形不安水無正情不灣砂無

正名不闕

九星筆

貪狼狀元筆巨門高才筆祿存道士筆文曲九流筆

廉貞學士筆武曲貴人筆破軍興狀筆輔弼秀才筆

九星印

貪狼衙縣印巨門相公印祿存托場印文曲打錢印

廉貞丹青印武曲知州印破軍谷狀印輔弼富貴印

九星馬

貪狼衙縣馬巨門相公馬祿存會教馬文曲英才馬

廉貞落陣馬武曲太官馬破軍將軍馬輔弼富貴馬

論筆得位不得位

子午卯酉判死筆寅申巳亥訟門筆辰戌丑未舟青筆

安泰山石

高四尺八寸濶一尺二寸厚四寸埋土八寸用五龍五虎日用寅時安

安吞口

上濶一尺二寸合廿二月下八寸按八卦高一尺二寸按十二時兩邊共合二十四氣用寅日寅時釘不可偏斜亦不可釘於獸面忌丑未亥命生人宜避之

安賜福板書天官賜福四字

天官賜福凡人家當面有煞用此板取其二家合睦

安善板書善二字

必用四月初八良時請公平正直齒德並著者借其

一言一善能消百惡須要安在現眼處

安白虎鏡

凡人家門首有高樓菴觀寺院旗竿石塔相冲用此

鏡鎮之大吉

文華公黃龍透塚經

恭透黃龍透塚經透入穴內九尺深不論千坟並萬

塚脁見死尸存不存十二火坑人無曉盡在黄龍透
塚經坟前週圍轉三轉知得榮枯死與生凡人疑惑
不肯信吉凶禍福在此分術士不知其中意空得黄
龍一卷經唯有成子至巳亥十二來龍號火坑細查
羅經坟後格入首小脉不差分一看淒金並開腦二
看直射與分金三看挑鎗反弓水四看裏氣合分金
五看宿度不界恨相尅名爲是火坑第一火坑慝子
孫泥水多在棺中存定主其家多痳疾瘟癀疾病損
人丁第二火坑少子孫長子不存少子存穴中虫蟻
時常走棺板雖有只半存第三火坑是純陽透入穴

中生災殃人丁不旺蛇虫害因此兒孫壽不長第四坑是虛陰透入穴中水滿坑左邊尸骨多黑爛樹根穿板在中心第五火坑孤陽精透入穴中水滿坑黑骨滿板人不信開棺之後見分明第六火坑無人曉透入穴中有凶兆亡人尸骨全黑爛鼠耗偷尸不周全第七火坑是縫中透入穴中定主凶子孫逃外他州死絕之亡合魁山頭周身尸骨皆黑爛家敗人亡禍來侵第八穴坑有原因透入穴中水滿坑淹過棺木三寸半亡人在內不安寗年多棺爛尸骨散年少棺朽骨黑存第九火坑洩氣病亡人落火自燒身定

主子孫遭火灾三七十一動火瘟又定穴内入寸水
蛇虫常入家不寧第十火坑主大凶透入穴中有神
功定主子孫多瘋疾惡毒癀癰受貧窮又主穴中二
寸水尸骨里爛半黃紅不信請君開穴看黃龍透穴
有神功十一火坑有左微透入穴中仔細推水去虎
高殺刀現定主棺中尸不全右邊尸骨多里爛左邊
泥土三寸深又主其家多孤寡定產啨啞小聾童十
二火坑是虛陽透入穴中多不祥怪物蛇蟻從頭入
棺木里爛碎紛紛穴中樹根穿在内亡人在墓不安
寧又主鼠耗穿遊走骸尸爛骨泥滿坑此是黃龍真

妙訣千両黃金莫傳人

論草看坟之應

凡到人家坟上看土色如何在後扯草根近鼻聞有生氣坟力有蛇虫坟上清秀主子孫興旺若故上無草主人家貧如坟前破主不利坟土如生瘡兇休又如灰堆定主水滴成坑泥土滿棺又扯草根看帶白色有下便是男坟赤色黃根多鈎鬚即是女坟坟上無草乾枯是絕墳老死坟上草根少少死墳上草軟嫩男墳尖根直不女墳肥根軟弱攙搭蓬如草里里棺草脚白是無板若細長是包折埋左右生草肥多

郎是吊死打死墳前　藤纏樹主人吊頸枷鎖坟上栽

花主淫亂此是楊公　真口訣謹慎収藏莫漏洩

辨男墳女墳扯坟　上黄茅草以别之

男墳左邊之土高於　右左邊之草勝於右草根直生

草頭向東

女墳右邊之土高於　左右邊之草勝於左草頭向西

草根曲生

審古墓法訣

抽空審古墓手執羅經於背双手運羅經指掐字脚

走七步默唸　天有三奇地有六儀精靈奇怪古死

伏尸黃沙赤土瓦礫　坟基方廣百步隨針見之唸畢

手按住巳字下　即有古墓餘字則無

又抽空審訣

丙手執羅經於背口　唸建除滿平定走七步掐按住

紅字有里字無最驗

相地點穴（巧憑眼力 妙在心思）

龍形下頷虎形下王字象形下鼻龜形下息蛇形下七寸鳳形下啣書鶴形下啣珠獅形下毬蜘蛛下網心人形下臍陰獸形下尾門黃蛇聽蛤其情在耳鴈宿平沙其情在蘆織女拋梭動在兩乳仙人献掌穴在掌心刀劍形其用靶轂弓弩形其發在玑響器以虛出聲金鑽以執爲用粧台必有粉架棋盤點將軍蘆鞭要識落花蓮葉宜看側露梧桐葉上偏生子楊柳枝頭出正心蛇形有毒犬性必狂蜈蚣有蜒蚰猛虎宜看肉案此皆壟乘生氣陰來陽受陽來陰受

修塔

建塔或省城州府縣鎮坟宅左右前後皆因文峯低小用羅經中針人盤格定三吉六秀宜生旺食神方上造立即應士子早登科甲文人上進切忌洩方煞山壂造立見凶禍

修墉壁

墉壁只徜署寺院書齋造立雖要明亮高長衙署墉壁宜書貪狼麒麟貪狼即井木犴也其宿最惡上山食猛虎下河食蝮龍食銅餐鐵食盡民間故取象以昭觸目驚心之意寺院書齋墉壁宜書烏龍水波魚

龍變化以昭神光學士

修坊

楊公云建坊之說原爲節孝忠義設也奉 旨建立必辨方位若坟前宅後朱雀玄武竪造立見凶禍在州城府縣市鎮橋梁官道建立則彪炳千秋必依來龍爲山去脉爲向與竪造同期

建立宗祠

宗祠之建原以尊昭穆重名派培後人耳造宜合四垣紫微天市太微少微三吉六秀砂水呈祥之地定主子孫繁衍世代榮昌

扦油房安鐵炉水碓尾確等事

扦油房安榨鐵炉水碓尾確皆有聲之物震動龍神大有關係風水之害必辨方依法建立切忌坟前宅後朱雀玄武向上最凶凡城郭市鎮貴地無碍有訣云榨响十里敗確燒四方空

立燈竿

燈竿之建無非酬答上蒼除魔以靖地方者也凡立必高三丈三尺埋土一尺八寸上合三十三天下合一十八重地獄燈籠上書平安二字燈竿上釘一板書紫微垣三字像神位樣

五星九星聚講圖說

五星聚講者金木水火土五星團聚而起是也九星聚講者太陽太陰金水紫氣天財天罡孤曜燥火掃蕩團聚而起是也以作龍祖主出至貴福力九聚經云高尖是樓平是殿請君來此細推辨乱峰頂上乱石間此處名爲聚講山龍神九星行度又名貪巨祿又廉武破輔弼九星在天成象在地成形楊公以龍之行度變態無窮必以九星體在龍神廉貞祖山過峽行度論生尅如貪狼即紫氣木星在祖山發出離方入坎宫論訣在鉛彈子四卷中九星入宫論禍福

楊廖二公九星歌

廖名太陽楊左輔　高員覆鐘釜廖名太陰楊右弼
低員帶方覔廖兒　金水楊武曲三腦如金宿廖名
紫氣楊貪狼一尖直更長廖名天財楊巨門雙腦
兼凹平廖名天罡楊破軍金頭火脚星廖名孤曜
楊祿存掰拳形最真廖名燥火楊廉貞尖斜芒帯
形廖名掃蕩楊文曲斜拖帛一幅此乃九星之正
體九變從此起　訣云龍樓起祖喜廉貞聚嶠山
團五九星下殿辭樓中出帳天乙太乙丙還迎

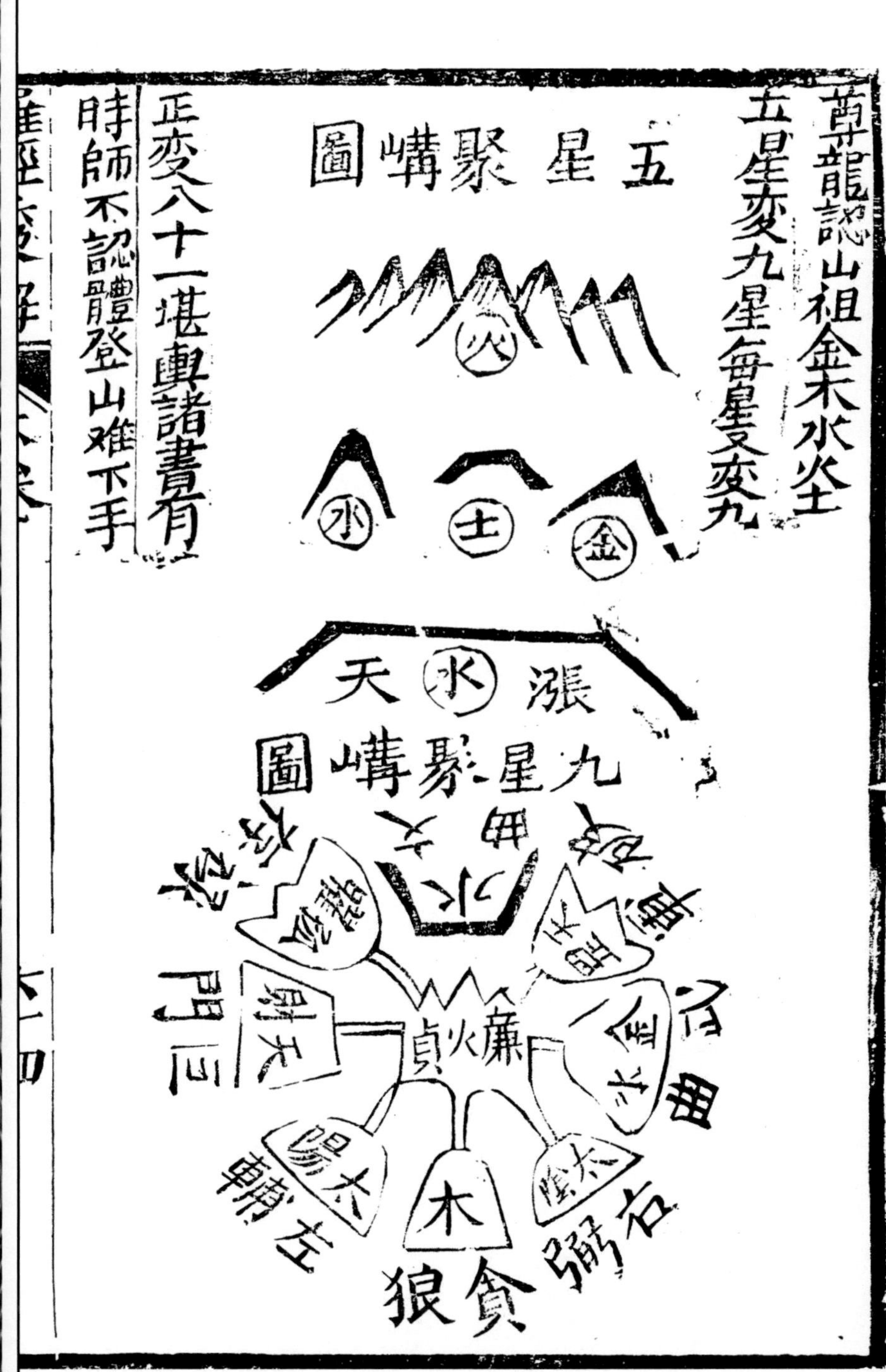
尋龍認山祖金木水坐
五星變九星每星又變九
五星聚講圖
火
水
土
金
正變八十一堪輿諸書有
時師不認體登山难下手
天
水
漲
九星聚講圖
文曲
水
破軍
祿存
巨門
天財
廉貞火
武曲
太陽
木
太陰
左輔
貪狼
右弼

論羅天大進日　此乃廣東曆録載

初二進申初四亥初六進子初八卯十二進未十六辰十八進戌二十丑二十二進巳二十四寅二十六日進午二十八日酉

凡遇羅天大退在山必用羅天大進日時制退為進不忌

六畜起例

乾甲坎癸申子辰　十二山辰戌上起一德

巽辛離壬寅午戌　一山一宮俱順行

坤乙兌丁巳酉丑　十二山丑未上起一德

艮丙震庚亥卯未

一德虎豹狐狸貪良太陽豺狼三台奇羅血双刀

共刀砧紫氣

神

看墳宅興衰論　四合堂者與天地日月之合也

何知人家代代富下砂重重來包顧何知人家代代貧下關空缺不包墳何知人家代代貴文筆尖峰當面對何知人家富有各山高一層又一層面知三不發財只少源頭活水來何知人家眼不明望見明堂石土堆何知婦人罵老公白虎頭土起尖峯

論門光星歌大月起江小月起湖有三吉水着過

江湖深萬丈東海浪悠悠九張波濤急搖船治淺洲得魚便沽酒一醉臥江流

論起黄道黑道

道遠幾時通達路遙何日還鄉有之遠者是黃道無之遠者是黑道

正七在子二八寅三九在辰四十午五十一月居申

下十二月在戌宮　黃道黑道歌

青龍明堂與天刑朱雀金櫃天德臨白虎玉堂天牢

是立武司命並勾陳

十二立向犯四墓双金煞即玄空五行墓絕忌龍來故

坤丁未龍悞立亥癸艮甲內椽辛戌乾悞立丙丁乙

酉向椽癸丑艮龍悞立乾坤卯午向椽乙辰巽龍悞

子寅辰巽辛巳申庚戌丑未十二係水土一局

道光四年甲申歲秋八月羅經透解全書終

羅經透解下卷

凡登相穴者上要頂氣下要合　鉬如兩脉到以短者為主長者為假徽細活動者為　真硬直爲假凡看龍脉踴躍直硬傷龍扦穴若高則　閃脉屍骨冲轉在下若當面潮水直冲破局水高穴　低直冲脚骨向上頭骨冲下若龍脉無護送脉低穴　高而露漏氣者水即滿棺平地高山皆然一般同若　來脉坐下無氣白蟻足從足下起頭上作窠則骸骨　黑爛若偏左白蟻從左邉入若偏右白蟻從右邉入　若平地無氣春夏有水秋冬有泥夏秋塟者壞屍春　冬塟者生白蟻若脉

急來閘脉作穴白蟻即從頭上起食棺脚下作窠凡看老坟若高則傷長房退敗牛財定主官非疾病若低傷二房退敗田土官非牛財疾病凡有新坟破老坟雖要離老坟棺三尺則無害矣若近者傷坟禍及左長右二前後主二房退敗凡坟宅左右前後砂水空缺主窮賤左右砂水團聚房房富貴也

四季墓絶龍來過峽入首遭此四煞最爲凶則不可

惧下此等之穴慎之慎之

如戌與乾双落若乾龍過峽戌龍入首惧乘戊戌煞氣坐穴立主敗絶若乘透得丙戌庚戌旺相穴氣應生五子之人何也啞聾瞎跛雍子此爲奎木狼彼婁金狗相尅又主小兒驚風疾病之驗也

如辰與巽双落若巽龍過峽辰龍入首惧乘壬辰煞氣坐穴立主敗絶若乘得透庚辰甲辰旺相穴氣應生五子之人缺癲疤呆駝子此爲亢金龍尅角木蛟之故號曰禽星吞焰若山缺凹風出吐血失紅白疾

瘁痨之應矣　如未與坤双　落若坤龍過峽未龍
入首惧乘乙未煞氣坐穴立主敗絕若透得丁未癸
未旺相穴氣應生五子癆疾吐血崩血之應爲鬼金
羊尅井木犴之害也　如丑與艮双落若艮龍過峽
丑龍入首惧乘巳丑煞氣坐穴立主敗絕若透得丁
丑辛丑旺相穴氣應生五子之人殘病顛狂暗瘂落
水吊傷之應為牛金牛尅斗木獬之故也
若盈縮如渾天度四墓藏金與分金坐度則爲煞曜
判曰金尅木癆傷土尅水產傷木尅土瘟瘽水尅火
災火尅金刀傷駕線分金関係最宜避之

天刧第一圖　退龍形初出武職后代哀敗

天刧孤高脉儘通四圍有顫穴尊崇送山後脉低反扯巨武初興絶后宗

地刧第二圖　龍內生数枝脚出僧道孤絶

地刧巒頭一土星脚生多派兩邊分有分無合飄流散定出孤絶與道僧

敗刧第三圖　四圍尖石豎立名穴胎破軍夫柱死少丁

敗刧周圍石火生中含一水是窩形四山散漫無收拾水火相刑損少丁

鬼刼第四圖　寺觀　神壇

鬼刼巒頭與脚砂風吹羅帶渾如他旛符
反扯東西去四水無歸神廟住

掃火刼第五圖　金頭火嘴即披廉　出邪淫巫師之輩

金頭掃火即披廉左右灣尖順水間尾矮
頭高中有水邪巫姦盜敗絕顛

掃蕩第六圖　腦上生火石屬火窩空屬　水水火相刑主外死瘟瘴

掃蕩空窩鏞口形尖利石熖亂頭生相刑
水火瘟瘴見逃外流離災不輕

六害第七圖 五雜之星水上金相連主女人落水死

六害星連水土金巒頭叠大更麤形四圜山水皆無顧橫禍陰入火浪沉

勾陳第八圖 金土頂生出火脚拖尾灰袋山王滛慾無忌名灰袋

頂連金土號勾陳其[illegible]員峯灰袋名砂似人形倒曬勢姦淫無忌產邪人

天罡第九圖 出孤寡軍賊敗絕

金頭火脚號天罡砂各東西飛似鎗中出數枝皆火嘴孤孀軍賊敗絕傷

天刑第十圖 主室女懷胎

太陽高聳號天刑四面無遮孤一星中出

空窩更深濶純陽無救女胎

土蓐第十一圖 主大辟抄佔

土蓐之象何處覷土星巒頭如猪肚帶木

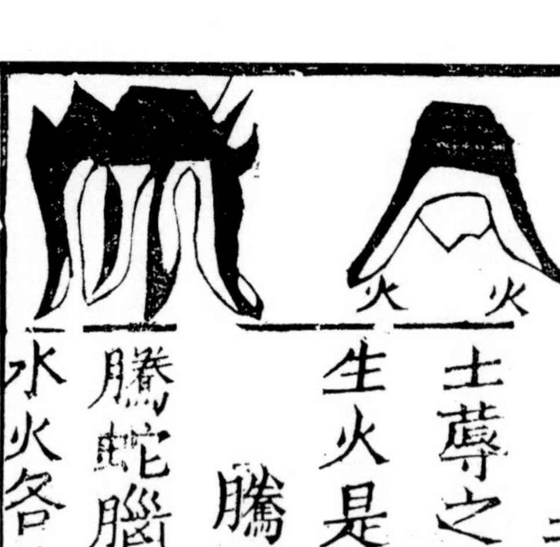

生火是真形殺戮絕滅為抄佔巒頭重見灰捻生蚕頭初華麻

騰蛇第十二圖 主遭刑徒配

騰蛇腦如仰瓦形兩頭火角回中存枝多

水火各飛去四顧無情徒配刑

天罡巒頭第一凶

高金架火號天罡徒配扯屍瞎跛殃好盜賊軍癆瘵瘋鰥寡孤獨敗絕傷穴砂俱火刑傷重砂火穴窩是救方火脚金頭窩是救方依又在此中詳

破軍燥二凶星巒頭

破燥失針石焰猖顛邪怪痰更瘟痓賊軍瞎跛扛屍賴宅被回祿敗絕殃一個嵯峨山聳頂再嵯峨于穴塌殺未晚時干禍發

刑傷血刃少年亡左右石殺斷左右前山
石焰糞門當石山員淨成星吉穴配陰陽
見上祥

掃蕩凶星巒頭神斷

掃蕩擺出寡水星浪然無起不生金男姦
女淫無厭足路死家傾更慘情多盲陰女
無兒絕寡母時聞有醜聲山若擺斜即文
曲風流洛浦浪飄零腦頭若起肥員救金
水龍巒百福臻

祿存凶星巒頭神斷

孤金無水號祿存惟有砂水救孤金奉樣饅頭少餌水陽無陰盛不能生乘金扦埋屍不壞死絕生興二代貧尤恐笄盤猪屎節淫奔孤寡亂家聲鵝頸孤來風切腦縱有微餌三滅門三滅者轉至三代也

文曲凶星巒頭神斷

文曲空窩寡水星純陽無頂不生金多生鬼孕招怪異貧絕冷退犯姦淫地神作禍

妖魔勝發腫成癆白蟻生造樓激發年旺
一代貧盜奴凌欲知救祚延三四回首巒
頭一點金若是空窩身帶火絕滅瞎跛產
沉論曲砂收水包姦發水走砂飛婦貼入
陰曲男姦陽曲女陰陽男女不同評起頂
微窩金水救白禍消除福自臻

廉貞凶星衛頭行龍砂穴並斷

相連高火是廉貞只好行龍作祖星砂穴見廉軍賊敗顛邪怪疾亂倫侵更遭瘟人殺傷事潑齊人財無點存頭起須嫌尖腦側倒地尤嫌夾過墳逆水尖同名進筆鋒銛符衛產財輿砂爆罡廉父互有臨機通變妙如神

覆背箭箕第一凶

覆背箭箕盡屬陰 頭員背 拱尾齊形孤陰

無救兒當絶中有微窩三代傾前面者還
拖火嘴多遭形憲禍來侵

仰起筲箕第二凶

仰起筲箕窩盡陽少頂無脉口真長多生
鬼怪招非禍姦淫敗絶蟻虫傷外護遮攔
三代滅內砂有救暫安康

儵背巒頭第三凶

儵背孤陰少貼砂凹風一掃不成家不開
窩鉗三代絶畧有跡有三代差左石無砂

絶更遠際砂救護漫與嗟官分左右宜詳
斷缺在何邊禍應他

鱉裙第四凶

鱉裙上陰下孤陽裙陽一壟絶見叩衆欲
裙邊粘脫殺陰陽不姤禍非常水先浸胃
乾生蠘冷退絶嗣二代當砂繫救時災可
緩無砂風刼禍來忙

金剛肚第五凶

金剛肚腫臍又平可知金剛無二形空員

虛腫假生有無遮風入絕人丁五吉開鉗剛肚乳內生螺腌是佳城

判官臉第六凶

判面坑堆虛結作亂橫斂扯水難合不分不合氣全無蒲地開窩穴不落誤下一代絕兒孫田財退敗家暗齣有砂救得目前安絕後終須見災禍

湯體蕩面第七凶

龍散結不成恰似江湖浪不寧蕩而

八

到穴水散漫中無氣聚少合分只宜神壇
卉寺現坟宅姦貧絶後人

棕櫚葉巒頭第八凶

棕櫚葉出撒了形有分無合穴不成一腦
多枝直向外真水不歸敗絶臨山脚兩開
無收拾女人淫亂不堪聞

夜了頭第九凶

夜又頭似茨菰葉兩脚不收各 分別中現
一水去直牽紀餘人財皆敗絶 又爲流徙

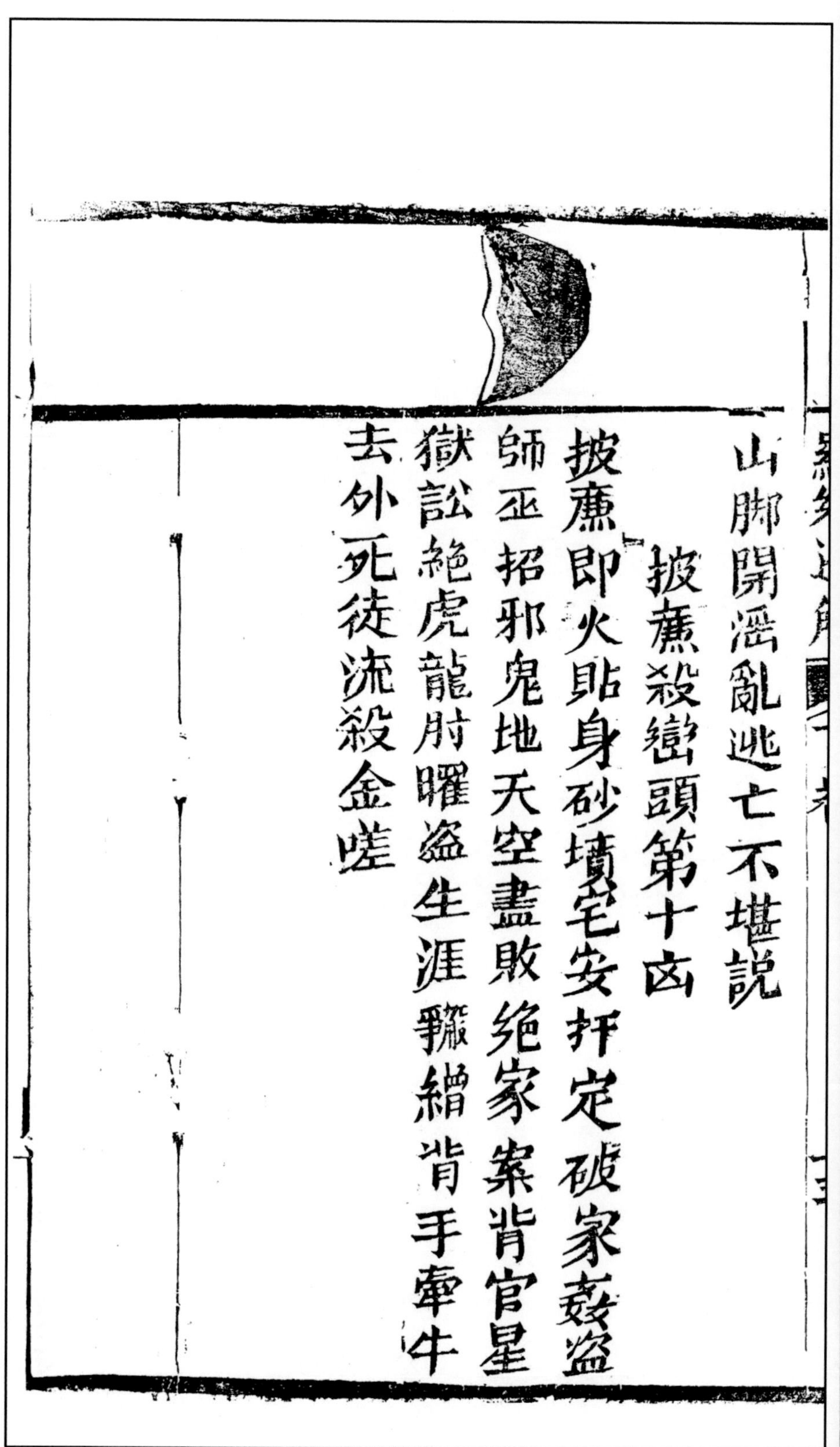

山脚閙濫亂逃亡不堪説

披蔗殺巒頭第十凶

披蔗即火貼身砂墳宅安扦定破家蕩盜
師巫招邪鬼地天空盡敗絕家案背官星
獄訟絕虎龍肘曜盜生涯鞭縉背手牽牛
去外死徒流殺金嗟

編號	書名	作者	說明
占筮類			
1	擲地金聲搜精秘訣	心一堂編	沈氏研易樓藏稀見易占秘鈔本
2	卜易拆字秘傳百日通	心一堂編	
3	易占陽宅六十四卦秘斷	心一堂編	火珠林占陽宅風水秘鈔本
星命類			
4	斗數宣微	【民國】王裁珊	民初最重要斗數著述之一；未刪改本
5	斗數觀測錄	【民國】王裁珊	失傳民初斗數重要著作
6	《地星會源》《斗數綱要》合刊	心一堂編	失傳的第三種飛星斗數
7	《斗數秘鈔》《紫微斗數之捷徑》合刊	心一堂編	珍稀「紫微斗數」舊鈔秘本
8	斗數演例	心一堂編	
9	紫微斗數全書（清初刻原本）	題【宋】陳希夷	斗數全書本來面目；有別於錯誤極多的坊本
10-12	鐵板神數（清刻足本）——附秘鈔密碼表	題【宋】邵雍	無錯漏原版秘鈔密碼表 首次公開！
13-15	蠢子數纏度	題【宋】邵雍	蠢子數連密碼表打破數百年秘傳 首次公開！
16-19	皇極數	題【宋】邵雍	清鈔孤本附起例及完整密碼表 研究神數必讀！
20-21	邵夫子先天神數	題【宋】邵雍	附手鈔密碼表 研究神數必讀！
22	八刻分經定數（密碼表）	題【宋】邵雍	皇極數另一版本；附手鈔密碼表
23	新命理探原	【民國】袁樹珊	子平命理必讀教科書！
24-25	袁氏命譜	【民國】袁樹珊	
26	韋氏命學講義	【民國】韋千里	民初二大命理家南袁北韋
27	千里命稿	【民國】韋千里	
28	精選命理約言	【民國】韋千里	北韋之命理經典
29	滴天髓闡微——附李雨田命理初學捷徑	【民國】袁樹珊、李雨田	命理經典未刪改足本
30	段氏白話命學綱要	【民國】段方	民初命理經典最淺白易懂
31	命理用神精華	【民國】王心田	學命理者之寶鏡

編號	書名	作者	備註
32	命學探驪集	【民國】張巢雲	發前人所未發　稀見民初子平命理著作
33	澹園命談	【民國】高澹園	
34	算命一讀通——鴻福齊天	【民國】不空居士、覺先居士合纂	
35	子平玄理	【民國】施惕君	
36	星命風水秘傳百日通	心一堂編	
37	命理大四字金前定	題【晉】鬼谷子王詡	源自元代算命術
38	命理斷語義理源深	心一堂編	稀見清代批命斷語及活套
39－40	文武星案	【明】陸位	失傳四百年《張果星宗》姊妹篇　千多星盤命例　研究命學必備
相術類			
41	新相人學講義	【民國】楊叔和	失傳民初白話文相術書
42	手相學淺說	【民國】黃龍	民初中西結合手相學經典
43	大清相法	心一堂編	重現失傳經典相書
44	相法易知	心一堂編	
45	相法秘傳百日通	心一堂編	
堪輿類			
46	靈城精義箋	【清】沈竹礽	沈氏玄空遺珍　玄空風水必讀
47	地理辨正抉要	【清】沈竹礽	
48	《玄空古義四種通釋》《地理疑義答問》合刊	沈瓞民	
49	《沈氏玄空吹虀室雜存》《玄空捷訣》合刊	【民國】申聽禪	
50	漢鏡齋堪輿小識	【民國】查國珍、沈瓞民	
51	堪輿一覽	【清】孫竹田	失傳已久的無常派玄空經典
52	章仲山挨星秘訣（修定版）	【清】章仲山	章仲山無常派玄空珍秘　門內秘本首次公開　沈竹礽等大師尋覓一生末得之珍本！
53	臨穴指南	【清】章仲山	
54	章仲山宅案附無常派玄空秘要	心一堂編	
55	地理辨正補	【清】朱小鶴	玄空六派蘇州派代表作
56	陽宅覺元氏新書	【清】元祝垚	簡易・有效・神驗之玄空陽宅法
57	地學鐵骨秘　附　吳師青藏命理大易數	【民國】吳師青	釋玄空廣東派地學之秘
58－61	四秘全書十二種（清刻原本）	【清】尹一勺	玄空湘楚派經典本來面目　有別於錯誤極多的坊本

編號	書名	作者	備註
62	地理辨正補註 附 元空秘旨 天元五歌 玄空精髓 心法秘訣等數種合刊	【民國】胡仲言	貫通易理、巒頭、三元、三合、天星、中醫
63	地理辨正自解	【清】李思白	公開玄空家「分率尺、工部尺、量天尺」之秘
64	許氏地理辨正釋義	【民國】許錦灝	民國易學名家黃元炳力薦
65	地理辨正天玉經內傳要訣圖解	【清】程懷榮	秘訣一語道破，圖文并茂
66	謝氏地理書	【民國】謝復	玄空體用兼備、深入淺出
67	論山水元運易理斷驗、三元氣運說附紫白訣等五種合刊	【宋】吳景鸞等	失傳古本《玄空秘旨》《紫白訣》
68	星卦奧義圖訣	【清】施安仁	三元玄空門內秘笈 清鈔孤本 過去均為必須守秘不能公開秘密 與今天流行飛星法不同
69	三元地學秘傳	【清】何文源	
70	三元玄空挨星四十八局圖說	心一堂編	
71	三元挨星秘訣仙傳	心一堂編	
72	三元地理正傳	心一堂編	
73	三元天心正運	心一堂編	
74	元空紫白陽宅秘旨	心一堂編	
75	玄空挨星秘圖 附 堪輿指迷	心一堂編	
76	姚氏地理辨正圖說 附 地理九星并挨星真訣全圖 秘傳河圖精義等數種合刊	【清】姚文田等	蓮池心法 玄空六法 門內秘鈔本首次公開
77	元空法鑑批點本——附 法鑑口授訣要、秘傳玄空三鑑奧義匯鈔 合刊	【清】曾懷玉等	
78	元空法鑑心法	【清】曾懷玉等	
79	曾懷玉增批蔣徒傳天玉經補註【新修訂版原（彩）色本】	【清】項木林、曾懷玉	揭開連城派風水之秘
80	地理學新義	【民國】俞仁宇撰	
81	地理辨正揭隱（足本） 附連城派秘鈔口訣	【民國】王邈達	
82	趙連城傳地理秘訣附雪庵和尚字金	【明】趙連城	
83	趙連城秘傳楊公地理真訣	【明】趙連城	
84	地理法門全書	仗溪子、芝罘子	巒頭風水，內容簡核、深入淺出
85	地理方外別傳	【清】熙齋上人	巒頭形勢、「望氣」「鑑神」
86	地理輯要	【清】余鵬	集地理經典之精要
87	地理秘珍	【清】錫九氏	巒頭、三合天星，圖文並茂
88	《羅經舉要》附《附三合天機秘訣》	【清】賈長吉	清鈔孤本羅經、三合訣法圖解
89-90	嚴陵張九儀增釋地理琢玉斧巒	【清】張九儀	清初三合風水名家張九儀經典清刻原本！

91	地學形勢摘要	心一堂編	形家秘鈔珍本
92	《平洋地理入門》《巒頭圖解》合刊	【清】盧崇台	平洋水法、形家秘本
93	《鑒水極玄經》《秘授水法》合刊	【唐】司馬頭陀、【清】鮑湘襟	千古之秘，不可妄傳匪人
94	平洋地理闡秘	心一堂編	雲間三元平洋形法秘鈔珍本
95	地經圖說	【清】余九皋	形勢理氣、精繪圖文
96	司馬頭陀地鉗	【唐】司馬頭陀	流傳極稀《地鉗》
97	欽天監地理醒世切要辨論	【清】欽天監	公開清代皇室御用風水真本
三式類			
98－99	大六壬尋源二種	【清】張純照	六壬入門、占課指南
100	六壬教科六壬鑰	【民國】蔣問天	由淺入深，首尾悉備
101	壬課總訣	心一堂編	過去術家不外傳的珍稀六壬術秘鈔本
102	六壬秘斷	心一堂編	
103	大六壬類闡	心一堂編	
104	六壬秘笈——韋千里占卜講義	【民國】韋千里	六壬入門必備
105	壬學述古	【民國】曹仁麟	依法占之，「無不神驗」
106	奇門揭要	心一堂編	集「法奇門」、「術奇門」精要
107	奇門行軍要略	【清】劉文瀾	條理清晰、簡明易用
108	奇門大宗直旨	劉毗	天下孤本　首次公開　虛白廬藏本《秘藏遁甲天機》　奇門不傳之秘　應驗如神
109	奇門三奇干支神應	馮繼明	
110	奇門仙機	題【漢】張子房	
111	奇門心法秘纂	題【漢】韓信（淮陰侯）	
112	奇門廬中闡秘	題【三國】諸葛武侯註	
選擇類			
113－114	儀度六壬選日要訣	【清】張九儀	清初三合風水名家張九儀擇日秘傳
115	天元選擇辨正	【清】一園主人	釋蔣大鴻天元選擇法
其他類			
116	述卜筮星相學	【民國】袁樹珊	民初二大命理家南袁北韋　南袁之術數經典
117－120	中國歷代卜人傳	【民國】袁樹珊	

編號	書名	作者	說明
占筮類			
121	卜易指南(二種)	【清】張孝宜	民國經典，補《增刪卜易》之不足
122	未來先知秘術——文王神課	【民國】張了凡	內容淺白、言簡意賅、條理分明
星命類			
123	人的運氣	汪季高(雙桐館主)	五六十年香港報章專欄結集！
124	命理尋源	【民國】徐樂吾	民國三大子平命理家徐樂吾必讀經典！
125	訂正滴天髓徵義		
126	滴天髓補註　附　子平一得		
127	窮通寶鑑評註　附　增補月談賦　四書子平		
128	古今名人命鑑		
129－130	紫微斗數捷覽(明刊孤本)[原(彩)色本]　附　點校本　(上)(下)	馮一、心一堂術數古籍整理編校小組　整理	明刊孤本　首次公開！
131	命學金聲	【民國】黃雲樵	民國名人八字、六壬奇門推命
132	命數叢譚	【民國】張雲溪	子平斗數共通、百多民國名人命例
133	定命錄	【民國】張一蟠	民國名人八十三命例詳細生平
134	《子平命術要訣》《知命篇》合刊	撰　【民國】鄒文耀、【民國】胡仲言	《子平命術要訣》科學命理；《知命篇》易理皇極、命理地理、奇門六壬互通
135	科學方式命理學	閻德潤博士	匯通八字、中醫、科學原理！
136	八字提要	韋千里	民國三大子平命理家韋千里必讀經典！
137	子平實驗錄	【民國】孟耐園	作者四十多年經驗　占卜奇靈　名震全國！
138	民國偉人星命錄	【民國】囂囂子	幾乎包括所民初總統及國務總理八字！
139	千里命鈔	韋千里	失傳民初三大命理家-韋千里　代表作
140	斗數命理新篇	張開卷	現代流行的「紫微斗數」內容及形式上深受本書影響
141	哲理電氣命數學——子平部	【民國】彭仕勛	命局按三等九級格局、不同術數互通借用
142	《人鑑——命理存驗・命理擷要》(原版足本)附《林庚白家傳》	【民國】林庚白	傳統子平學修正及革新、大量名人名例
143	《命學苑苑刊——新命》(第一集)附《名造評案》《名造類編》等	【民國】林庚白、張一蟠等撰	史上首個以「唯物史觀」來革新子平命學結集
相術類			
144	中西相人探原	【民國】袁樹珊	按人生百歲，所行部位，分類詳載
145	新相術	【美國】李拉克福原著、【民國】沈有乾編譯	通過觀察人的面相身形、色澤舉止等，得知性情、能力、習慣、優缺點等
146	骨相學	【民國】風萍生編著	結合醫學中生理及心理學，影響近代西、日、中相術深遠
147	人心觀破術　附運命與天稟	【日本】管原如庵、加藤孤雁原著，【民國】唐真如譯	觀破人心、運命與天稟的奧妙

編號	書名	作者	說明
148	《人相學之新研究》《看相偶述》合刊	盧毅安	集中外大成，無不奇驗；影響近代香港相術名著
149	冰鑑集	【民國】碧湖鷗客	各家相法精華、相術捷徑、圖文並茂附名人照片
150	《現代人相百面觀》《相人新法》合刊	【民國】吳道子輯	失傳民初相學經典二種 重現人間！
151	性相論	【民國】余晉龢	民初北平公安局專論相學與犯罪專著（犯罪學生物學派）
152	《相法講義》《相理秘旨》合刊	韋千里、孟瘦梅	命理學大家韋千里經典、傳統相術秘籍精華
153	《掌形哲學》附《世界名人掌形》《小傳》	【民國】余萍客	圖文并茂、附歐美名人掌形圖及生平簡介
154	觀察術	【民國】吳貴長	可補充傳統相術之不足
	堪輿類		
155	羅經消納正宗	【明】沈昇撰、【明】史自成、丁孟章合纂	失傳四庫存目珍稀風水古籍
156	風水正原	【清】余天藻	●積德為求地之本，形家必讀！
157	安溪地話（風水正原二集）		●純宗形家，與清代欽天監地理風水主張大致相同
158	《蔣子挨星圖》附《玉鑰匙》	傳【清】蔣大鴻等	窺知無常派章仲山一脈真傳奧秘
159	樓宇寶鑑	吳師青	陽宅風水必讀、現代城市樓宇風水看法改革
160	《香港山脈形勢論》《如何應用日景羅經》合刊		香港風水山脈形勢專著
161	三元真諦稿本——讀地理辨正指南	【民國】王元極	被譽為蔣大鴻、章仲山後第一人 內容直接了當，盡揭三元玄空家之秘
162	三元陽宅萃篇		
163	王元極增批地理冰海 附批點原本地理冰海	【清】高守中 【民國】王元極	
164	地理辨正發微	【清】唐南雅	極之清楚明白，披肝露膽
165-167	增廣沈氏玄空學 附 仲山宅斷秘繪稿本三種、自得齋地理叢說稿鈔本（上）（中）（下）	【清】沈竹礽	玄空必讀經典！附《仲山宅斷》幾種鈔本及批點本，畫龍點晴、披肝露膽，道中刊印本未點破的秘訣
168-169	巒頭指迷（上）（下）	【清】尹貞夫原著、【民國】何廷珊增訂、批注	圖文并茂：龍、砂、穴、水、星辰九十九變 洩漏天機：蔣大鴻、賴布衣挨星秘訣及用法
170-171	三元地理真傳（兩種）（上）（下）	【清】趙文鳴	蔣大鴻嫡派真傳張仲馨一脈二十種家傳秘本、宅墓案例三十八圖，並附天星擇日
172	三元宅墓圖 附 家傳秘冊		
173	宅運撮要	【民國】尤惜陰（演本法師）、榮柏雲	撮三集《宅運新案》之精要
174	章仲山秘傳玄空斷驗筆記 附 章仲山斷宅圖註	【清】章仲山傳、【清】唐鷺亭纂	無常派玄空不外傳秘中秘！二宅實例有斷驗及改造內容
175	汪氏地理辨正發微 附 地理辨正真本	【清】蔣大鴻、姜垚原著、【清】汪云吾發微	蔣大鴻嫡派張仲馨一脈三元理、法、訣具體泄露
176	蔣大鴻家傳歸厚錄汪氏圖解	【清】蔣大鴻、【清】汪云吾圖解	
177	蔣大鴻嫡傳三元地理秘書十一種批注	【清】蔣大鴻原著、【清】汪云吾、【清】劉樂山註	三百年來最佳《地理辨正》註解！石破天驚！

編號	書名	作者	說明
178	《星氣(卦)通義(蔣大鴻秘本四十八局圖并打劫法)》《天驚秘訣》合刊	題【清】蔣大鴻 著	江西興國真傳三元風水秘本
179	蔣大鴻嫡傳天心相宅秘訣全圖附陽宅指南等秘書五種	【清】蔣大鴻編訂、【清】汪云吾、劉樂山註	蔣大鴻徒張仲馨秘傳陽宅風水「教科書」！
180	家傳三元地理秘書十三種		真天宮之秘 千金不易之寶
181	章仲山門內秘傳《堪輿奇書》附《天心正運》	【清】章仲山傳、【清】華湛恩	直洩無常派章仲山玄空風水不傳之秘
182	《挨星金口訣》、《王元極增批補圖七十二葬法訂本》合刊	[民國]王元極	秘中秘——玄空挨星真訣公開！字字千金！
183-184	《家傳三元古今名墓圖集附謝氏水鉗》《蔣氏三元名墓圖集》合刊(上)(下)	(清)孫景堂，劉樂山，張稼夫	蔣大鴻嫡傳風水宅案、幕講師、蔣大鴻、姜垚等名家多個實例，破禁公開！
185-186	《山洋指迷》足本兩種 附《尋龍歌》(上)(下)	【明】周景一	風水巒頭形家必讀《山洋指迷》足本！
187-196	蔣大鴻嫡傳水龍經注解 附 虛白廬藏珍本水龍經四種(1-10)	【清】蔣大鴻編訂、【清】楊臥雲、汪云吾、劉樂山註	蔣大鴻嫡傳一脈授徒秘笈 希世之寶 千年以來，師師相授之秘旨，破禁公開！ 完整了解蔣氏嫡派真傳一脈三元理、法、訣！ 附已知最古《水龍經》鈔本等五種稀見《水龍經》
197	批注地理辨正直解		
198	《天元五歌闡義》附《元空秘旨》(清刻原本)	【清】章仲山	無常派玄空必讀經典未刪改本！
199	心眼指要(清刻原本)		
200	華氏天心正運	【清】華湛恩	
201-202	批注地理辨正再辨直解合編(上)(下)	【清】蔣大鴻原著、【清】姚銘三再註、【清】章仲山直解	失傳姚銘三玄空經典重現人間！名家：沈竹礽、王元極推薦！
203	章仲山注《玄機賦》《元空秘旨》附《口訣中秘訣》《因象求義》等九種合刊	【清】章仲山	近三百年來首次公開！章仲山無常派玄空秘密，和盤托出！
204	章仲山門內真傳《三元九運挨星篇》《運用篇》《挨星定局篇》《口訣篇》等合刊	【清】章仲山、柯遠峰等	章仲山注《玄機賦》及章仲山原傳之口訣及筆記
205	章仲山門內真傳《大玄空秘圖訣》《天驚訣》《飛星要訣》《九星斷略》《得益錄》等合刊	【清】章仲山、冬園子等	
206	撼龍經真義	吳師青註	近代香港名家吳師青必讀經典
207	章仲山嫡傳《翻卦挨星圖》《秘鈔元空秘旨》附《秘鈔天元五歌闡義》	【清】章仲山傳、【清】王介如輯撰	透露章仲山家傳玄空嫡傳學習次弟及關鍵不傳之秘
208	章仲山嫡傳秘鈔《秘圖》《節錄心眼指要》合刊		史上首次公開「無常派」下卦起星等挨星秘密之書
209	《談氏三元地理大玄空實驗》附《談養吾秘稿奇門占驗》	【民國】談養吾撰	了解談氏入世的易學卦德爻象思想
210	《談氏三元地理濟世淺言》附《打開一條生路》		
211-215	《地理辨正集註》附《六法金鎖秘》《巒頭指迷真詮》《作法雜綴》等(1-5)	【清】尋緣居士	集《地理辨正》一百零八家註解大成精華 匯巒頭及蔣氏、六法、無常、湘楚等秘本 集史上最大篇幅的《地理辨正》註解
216	三元大玄空地理二宅實驗(足本修正版)	【民國】尤惜陰(演本法師)、榮柏雲撰	三元玄空無常派必讀經典足本修正版

217	蔣徒呂相烈傳《幕講度針》附《元空秘斷》《陰陽法竅》《挨星作用》	【清】呂相烈	蔣大鴻門人呂相烈三元秘本三百年來首次破禁公開！
218	挨星撮要(蔣徒呂相烈傳)		
219-221	《沈氏玄空挨星圖》《沈註章仲山宅斷未定稿》《沈氏玄空學(四卷原本)》合刊(上中下)	【清】沈竹礽 等	揭開沈氏玄空挨星五行吉凶斷的變化及不同用法 章仲山宅斷未刪本、沈氏玄空學原本佚文、玄空挨星圖稿鈔本 大公開！
222	地理穿透真傳(虛白廬藏清初刻原本)	【清】張九儀	三合天星家宗師張九儀畢生地學精華結集
223-224	地理元合會通二種(上)(下)	【清】姚炳奎	分發兩家(三元、三合)之秘，會通其用 詳解注羅盤(蔣盤、賴盤)；義理、斷驗俱精
其他類			
225	天運占星學 附 商業周期、股市粹言	吳師青	天星預測股市，神準經典
226	易元會運	馬翰如	《皇極經世》配卦以推演世運與國運
三式類			
227	大六壬指南(清初木刻五卷足本)		六壬學占驗課案必讀經典海內善本
228-229	甲遁真授秘集(批注本)(上)(下)	【清】薛鳳祚	明清皇家欽天監秘傳奇門遁甲 奇門、易經、皇極經世結合經典
230	奇門詮正	【民國】曹仁麟	簡易、明白、實用，無師自通！
231	大六壬探源	【民國】袁樹珊	民初三大命理家袁樹珊研究六壬四十餘年代表作
232	遁甲釋要		推衍遁甲、易學、洛書九宮大義！
233	《六壬卦課》《河洛數釋》《演玄》合刊	【民國】徐昂	疏理六壬、河洛數、太玄隱義！
234	六壬指南(【民國】黃企喬)	【民國】黃企喬	失傳經典 大量實例
選擇類			
235	王元極校補天元選擇辨正	原【清】謝少暉輯、【民國】王元極校補	三元地理天星選日必讀
236	王元極選擇辨真全書 附 秘鈔風水選擇訣	【民國】王元極	王元極天昌館選擇之要旨
237	蔣大鴻嫡傳天星選擇秘書注解三種	【清】蔣大鴻編訂、【清】楊臥雲、汪云吾、劉樂山註	蔣大鴻陰陽二宅天星擇日課案例！
238	增補選吉探源	【民國】袁樹珊	按表檢查，按圖索驥：簡易、實用！
239	《八風考略》《九宮撰略》《九宮考辨》合刊	沈瓞民	會通沈氏玄空飛星立極、配卦深義
其他類			
240	《中國原子哲學》附《易世》《易命》	馬翰如	國運、世運的推演及預言